# 40 MITOS E VERDADES SOBRE SEU CELULAR

UM GUIA PRÁTICO DE SOBREVIVÊNCIA DIGITAL



ROBERTO FRANCISCATTO

Vitrola editora

DIREÇÃO EDITORIAL
Vitor Alessio Manfio

CAPA
Erick Alves Pereira

DIAGRAMAÇÃO
Lara Design Editorial

EDITORA ADJUNTA
Sabrina Baerle Ferraz

REVISÃO
Bruna Pereira Caixeta

**Dados Internacionais de Catalogação na Publicação (CIP)**
**(Câmara Brasileira do Livro, SP, Brasil)**

Franciscatto, Roberto
40 mitos e verdades sobre seu celular : guia prático de sobrevivência digital / Roberto Franciscatto. -- Frederico Westphalen, RS : Vitrola Editora, 2021.

ISBN 978-65-89711-26-1

1. Aparelhos e materiais eletrônicos 2. Comunicação e tecnologia 3. Inovações tecnológicas 4. Sistemas de telefonia celular 5. Telefone celular - Manuais, guias, etc. 6. Telefonia digital I. Título.

21-89557 CDD-621.38456

**Índices para catálogo sistemático:**

1. Telefone celular : Manuais, guias, etc. : Tecnologia 621.38456

Eliete Marques da Silva - Bibliotecária - CRB-8/9380

Vitrola editora

# SUMÁRIO

# PARA QUEM É ESTE LIVRO?

Este livro foi escrito para ser útil para você que gosta de conhecer mais sobre o universo da tecnologia do celular — tão presente em nosso cotidiano.

Trata-se de uma obra cujo objetivo é trazer uma linguagem fácil e descomplicada para os principais mitos e verdades acerca dos dispositivos celulares, bem como, informações úteis para desmistificar conceitos, terminologias e questões técnicas com as quais nos deparamos diariamente a esse respeito.

# SOBRE O QUE ELE TRATA?

Como forma de facilitar o seu entendimento do conteúdo aqui tratado, o livro foi dividido em três seções principais.

## 1 — DESMISTIFICANDO OS CONCEITOS TÉCNICOS

Nesta primeira parte, o objetivo é apresentar os principais termos técnicos e tecnologias associadas aos componentes eletrônicos presentes em um celular, a fim de explicá-los e esclarecer o entendimento sobre os mesmos.

Basicamente, esta seção permitirá que você amplie seus conhecimentos sobre os celulares e suas principais características de uma maneira descomplicada.

## 2 — PERGUNTAS MAIS BUSCADAS SOBRE OS MITOS E AS VERDADES SOBRE OS CELULARES

Nesta seção, trouxemos as principais perguntas e respostas sobre os mitos e as verdades relacionadas aos dispositivos móveis, no intuito de centralizar essas informações em um guia prático, para que qualquer pessoa possa esclarecer suas dúvidas; dado que, muitas vezes, as respostas a essas perguntas estão dispostas em pequenos segmentos da internet, dificultando o entendimento de uma dúvida pontual.

O objetivo principal aqui é justamente responder aos principais questionamentos dos usuários sobre os mitos e as verdades a respeito dos celulares, e, ainda, trazer informações complementares (perguntas bônus) que de fato agreguem na experiência de utilização e ampliação do conhecimento sobre os seus próprios dispositivos.

## 3 — SITES DE COMPARAÇÃO TÉCNICA DE CELULARES

Nesta última parte do livro, trazemos uma seleção de três ferramentas da internet (sites on-line e gratuitos) que possibilitam realizar comparações entre diferentes modelos de celulares. Esses sites, detalhando as características principais de cada aparelho de uma maneira simples e rápida, mostram resultados que auxiliam na escolha de um novo celular.

**Fique à vontade para ler as partes deste livro na sequência que julgar mais interessante, ou pelos assuntos que mais lhe interessar. Nossa missão é ajudar você a entender o mundo da tecnologia dos dispositivos celulares, ou ampliar seu entendimento sobres os mesmos.**

**DESDE JÁ, BOA LEITURA E SUCESSO EM SUA JORNADA!**

# O QUE É QR CODE E COMO UTILIZÁ-LO NESTE LIVRO?

Uma vez que estamos falando de celular e de tecnologia como forma de expandir o conteúdo presente neste livro, você encontrará ao longo das seções diversos QR Codes que apontam para links externos (sites/ferramentas), os quais ajudarão na compreensão de diferentes tecnologias. Esta é uma forma de aproximar os dois mundos: material/físico e digital, aproveitamento o melhor que essa fusão pode oferecer.

Mas o que é o QR Code de fato? O que está por trás dessa tecnologia?

O QR Code (Quick Response Code, em português, "Código de Resposta Rápida") é uma evolução do código de barras. Apesar do QR Code não ser tão recente assim (já tem mais de 25 anos, tendo sido criado em 1994, no Japão), somente nesta última década ele tem tido mais visibilidade e utilização.

Basicamente, no QR Code há um gráfico 2D (vertical e horizontal) que permite ser lido pela grande maioria das câmeras de celulares atuais. Como se trata de um código visual, só precisa ser lido de forma correta. Assim, ele pode estar disponível em formato digital (em um dispositivo) ou de forma física (impressa, assim como ocorre nas versões deste livro).

O QR Code, atualmente, tem enorme utilização e aplicabilidade. É utilizado para pagar contas, fazer check-in, identificar animais de estimação, reforçar a segurança de determinados locais, entre outros tantos exemplos.

Alguns modelos antigos de celulares ainda requerem a utilização de softwares e aplicativos específicos para esse fim, mas a grande maioria não. Para testar a leitura do QR Code pelo seu celular, basta acessar a câmera do seu dispositivo e apontar para a imagem abaixo. Aparecerá um link no qual você deverá clicar.

Se você foi direcionado para o meu site oficial (https://franciscatto.com.br) está tudo certo. Caso contrário, seu celular precisará de um aplicativo de leitura de QR Code.

Se esse último for o seu caso, acesse o repositório oficial de aplicativos do seu celular e busque por "leitor de QR Code". Existem diversos aplicativos que fazem essa tarefa. Um exemplo de aplicativo simples e de fácil utilização é o "QR Code Reader".

**A DICA AQUI É:** teste, e, se for necessário, instale um aplicativo de leitura de QR Code.

# CELULAR OU SMARTPHONE?
## QUAL A DIFERENÇA?

Está aí uma boa pergunta. Celular ou smartphone? Não seriam a mesma coisa? Muda alguma coisa de um para o outro? Para iniciarmos com pé direito os entendimentos deste livro, vamos começar diferenciando esses dois conceitos.

É sabido que o celular foi o primeiro dispositivo de comunicação sem fio (ao menos da minha geração). Com o avanço das tecnologias, esses mesmos celulares se transformaram em smartphones, que proveem serviços mais avançados do que os recursos básicos presentes nos celulares.

Mas o que de fato diferencia um celular de um smartphone?

O celular é indicado para realizar tarefas simples, como fazer ligações e enviar mensagens. É possível também, através de um celular, tirar fotos (em baixa resolução), gravar vídeos simples e, em alguns casos, dependendo do modelo, ouvir música pela rádio FM presente nele.

Outras características do celular são: não possuem sistema operacional, sendo assim, não é possível instalar aplicativos externos no dispositivo (repositórios), o que limita o uso dos recursos instalados diretos de fábrica; o seu armazenamento interno é limitado, ou seja, ele tem baixa capacidade de armazenamento (em alguns casos, permite a inserção de cartão de memória, como forma de expansão);

tem conexão com a internet, porém, de forma bastante restrita na maioria dos dispositivos, devido à tecnologia empregada para esse fim (GPRS e EDGE).

Já os smartphones, que tomaram conta do nosso dia a dia, como uma evolução dos celulares iniciais, nos permitem realizar inúmeras tarefas pelos aparelhos, já que neles há a presença de um sistema operacional que permite a execução de múltiplos aplicativos, acesso à internet, redes sociais, jogos, navegadores, entre diversas outras funções.

Quanto ao armazenamento interno, os smartphones contam com um espaço bastante superior ao presente nos celulares. Muitos desses dispositivos contam também com locais para inserção de cartões de memórias como forma de expandir o espaço de armazenamento.

No que se refere aos recursos de conectividade, os smartphones contam com conexões 3G e 4G, que ampliam as questões de velocidade de acesso e tráfego de dados.

**RESUMINDO**: ainda podemos encontrar celulares à venda (basta uma rápida busca na web), caso o objetivo seja fazer ligações e enviar mensagens, além de executar tarefas extremamente básicas. Porém, os smartphones são os dispositivos que dominam o mercado, devido às características citadas acima, e por se tratarem, naturalmente, da evolução dos celulares de um modo geral.

**IMPORTANTE:** por convenção, neste livro utilizaremos o termo "celular" para nos referirmos aos telefones celulares de um modo geral, independente do seu tipo, se celular ou smartphone. Essa prática também é comum em reviews[1], artigos, anúncios e em outros livros que tratam do assunto. Ainda, é comum (e também faremos) a utilização de termos como "aparelho" ou "dispositivo" para se referir aos telefones celulares de um modo geral. Mas não se preocupe com os termos, eles vão se tornando habituais no decorrer da nossa interação e entendimento por aqui.

1 Reviews são avaliações ou opiniões descritas por consumidores de um site de produtos ou serviços

# QUAIS OS COMPONENTES BÁSICOS DE UM CELULAR E COMO SABER DO QUE SE TRATAM?

Esta seção tem como objetivo conhecer os principais componentes técnicos presentes em nosso dispositivo. Esse entendimento é fundamental para que possamos identificar as tecnologias mais utilizadas nos aparelhos, bem como, as características técnicas básicas que muitas vezes se misturam, confundindo o usuário, em um mundo técnico de diversas denominações.

Para que esse conteúdo possa ser o mais claro possível, dividimos o mesmo em algumas categorias, como forma de facilitar o entendimento. Essas categorias são:

## — TELA

Aqui você irá compreender as diferenças entre as principais tecnologias empregadas no processo de fabricação (o que são telas LCD, LCD IPS, OLED, AMOLED, SUPER AMOLED) e quais as principais diferenças entre elas.

Ao final deste item, um quadro detalhado é mostrado com as características relacionadas às telas (densidade de pixels, resolução, tamanho da tela, telas resistentes a danos, etc.) com uma breve explicação — ao que você deve ficar atento.

## — PROCESSADOR, MEMÓRIA E ARMAZENAMENTO

Processador em um celular importa? Como a memória RAM afeta o desempenho? Armazenamento interno, devo me preocupar com ele? Nesta seção, são descritas as características dos processadores para melhorar seu entendimento sobre os mesmos. Entre os itens abordados estão: clock, núcleos e litografia.

A memória RAM e o espaço de armazenamento interno também são descritos e detalhados, a fim de entendermos como essas características podem fazer diferença em seu dispositivo.

## — CÂMERA

Quem não quer uma boa câmera hoje na hora de comprar um celular? Mas o que seria uma boa câmera? Itens como: megapixels, tamanho da abertura, foco, ISO, zoom, estabilização e HDR são descritos de forma objetiva, para que você possa se apropriar desses conceitos e não errar na hora de escolher uma boa câmera.

## — REDE

3G, 4G ou 5G? O que são aquelas siglas que aparecem no topo do meu celular? Tão importante quanto o celular, são as redes de comunicação que dão suporte aos serviços que o mesmo utiliza.

Neste item, iremos compreender as diferenças das redes 3G, 4G e 5G, bem como, as siglas e protocolos de comunicação — o que nos ajudará bastante. Teremos de bônus, neste item, os tipos de cartões e o novo formato que vem por aí.

## — CONECTIVIDADE

Se nosso celular evoluiu para um smartphone atualmente, é porque temos conectividade aí presente. Neste item serão descritas as principais tecnologias de conectividade atuais de nossos dispositivos, tais como: Wi-Fi, Wi-Fi Direct, Bluetooth, USB e NFC, como forma de explicar suas evoluções, características, para que servem e serviços mais usuais.

## — BATERIA

Por fim, mas não menos importante, a bateria. Sim, ela que, muitas vezes, termina sem querermos, é o último item a ser descrito. Aqui você irá conhecer os tipos de baterias utilizados atualmente (Li-Ion e Li-Po), capacidades de armazenamento de energia, fatores de carregamento sem fio e carregamento rápido, além de dicas sobre o modo economia de energia.

# TELA

A tela dos celulares possui basicamente cinco tipos principais de tecnologias envolvidas em sua fabricação, que são: LCD, IPS, OLED, AMOLED e Super AMOLED.

Quando vemos esses tipos de telas nas descrições de dispositivos em sites de vendas, anúncios, reviews, entre outros, sabemos do que se trata? Talvez nem sempre, não é?!

A diferença de cada uma delas se dá pela evolução empregada em seu processo tecnológico e também pela melhoria que as mesmas oferecem, como por exemplo, o conforto visual, a usabilidade, a qualidade das imagens e vídeos gerados, o consumo de bateria, entre outros fatores que afetam diretamente a experiência do usuário.

Vamos conhecer agora as principais tecnologias referentes às telas encontradas no mercado.

## —LCD

A tecnologia LCD [Liquid Cristal Display; em português, "Tela de Cristal Líquido"] pode ser descrita como a mais básica de todas. Opera através de cristais líquidos transparentes, que modificam sua estrutura molecular ao receber diferentes tipos de correntes elétricas.

Pode-se afirmar que as telas LCD se constituem como as menos econômicas, o que impacta diretamente no consumo de energia produzida e, consequentemente, no tempo de duração da bateria.

## — LCD IPS

Evolução da tecnologia LCD convencional, o IPS [In-Plane Switching; em português, "Comutação Plana"], propicia uma reprodução de cores, contraste e brilho mais precisas que sua versão anterior.

A maior diferença entre a tecnologia LCD e a LCD IPS é que, na tecnologia LCD IPS, as moléculas se apresentam perto da superfície do display de maneira agrupada, propiciando assim, uma melhor qualidade de imagem.

## — OLED

Como o próprio nome sugere, o OLED [Organic Light-Emitting Diode; em português, "Diodo Emissor de Luz Orgânica"] é uma evolução do LED. O material utilizado nesses displays muda também. Enquanto no LCD, basicamente, temos a utilização de cristais líquidos, na tecnologia OLED são empregados diodos orgânicos.

Entre as características funcionais dessa tecnologia, tem-se um menor consumo de energia nesses aparelhos e uma estrutura mais fina na modelagem final dos dispositivos.

Uma desvantagem desse tipo de tecnologia acaba sendo o custo de reparo e manutenção das telas, que, consequentemente, acabam sendo um pouco mais caras que as da tecnologia anterior (LCD).

## — AMOLED

A tecnologia AMOLED [Active Matrix Organic Light-Emitting Diode; em português, "Matriz Ativa de Diodos Orgânicos Emissores de Luz"] é basicamente uma integração das tecnologias OLED e LCD TFT.

Diversos dispositivos utilizam essa tecnologia hoje, principalmente devido à qualidade de contraste, à exibição de cores (mais fluidas) e pela melhor autonomia da bateria.

## — SUPER AMOLED

Considerada a evolução das telas AMOLED, a tecnologia Super AMOLED (utilizada principalmente em dispositivos Samsung), permitiu o desenvolvimento de displays mais flexíveis e telas com menores espessuras (diminuição do número de camadas), o que possibilitou também um maior espaço para alocação da bateria.

Acrescenta-se ainda como ganhos proporcionados por essa tecnologia, uma melhor definição de tela, consumo reduzido de energia, além de uma estrutura mais leve para o dispositivo como um todo.

## RESUMO DOS ITENS COMPLEMENTARES À TELA AOS QUAIS FICAR ATENTO

| | |
|---|---|
| 1. DENSIDADE DE PIXELS | A densidade de pixels é uma medida de resolução de tela apresentada por número de PPI (Pixels por Polegada). Assim, ao comparar celulares, quanto maior o número expresso no valor PPI, melhor, pois as imagens reproduzidas na tela terão maior clareza e nitidez, melhorando assim a qualidade da visualização. |
| 2. RESOLUÇÃO | Apesar de não ser somente esse item um fator de qualidade da tela, a resolução indica basicamente a quantidade máxima de pixels que podem ser visualizados. Seu valor é composto pela quantidade de pixels horizontais versus a quantidade de pixels verticais. Aqui cabe a mesma máxima do item anterior: quanto maior esse valor, melhor será o nível de detalhamento das imagens do display. |
| 3. TAMANHO DA TELA | Medida em polegadas (lembrando que uma polegada equivale a 2,54cm), o tamanho de tela do dispositivo está diretamente relacionado à experiência do usuário. Entende-se, nesses casos, que telas maiores proporcionarão uma melhor experiência de uso. |
| 4. TELAS RESISTENTES A DANOS | Modelos mais recentes contam com telas resistentes a danos, ou seja, fornecem à tela do dispositivo uma camada extra de proteção, assim, podem suportar altos níveis de força. Entre as tecnologias mais conhecidas de resistência estão: Gorilla Glass, Asahi Glass e Shatter Shield. |
| 5. TIPO DE TELA | Se a tela do dispositivo for do tipo LCD, verifique se a mesma conta com a tecnologia IPS ou PLS. Tecnologias mais novas apresentam o que se tem de melhor empregado na fabricação das telas (nesses casos, OLED). Lembrando que AMOLED, Super AMOLED e POLED são tipos de displays OLED. |
| 6. TAXA DE ATUALIZAÇÃO DA TELA | Diz respeito à frequência com que a tela do dispositivo é atualizada. Maiores taxas de frequência correspondem a menores ruídos e, consequentemente, movimento mais natural produzido. Portanto, opte sempre por telas que possuem taxas de atualização maiores possíveis. |

# PROCESSADOR, MEMÓRIA E ARMAZENAMENTO

O processador dos telefones celulares tem a função de processar dados. Podemos dizer que um processador é o cérebro do dispositivo.

E que tipo de dados um processador executa?

Vários utilizados por nós frequentemente, como, por exemplo: executar aplicativos e jogos, processar imagens e vídeos, abrir navegadores, manter em funcionamento aplicativos em segundo plano, entre outros tantos.

Veja abaixo os principais fatores que influenciam no desempenho de um processador em um dispositivo celular.

## — CLOCK

Sinônimo de velocidade de um processador, o termo *clock* pode ser definido como a quantidade de ações que um processador pode executar por segundo. Dessa forma, quanto maior for o *clock* de um processador (medido atualmente na casa dos Gigaherts - GHz), maior será a quantidade de dados que ele conseguirá executar naquela fração de segundos, em outras palavras, melhor será o desempenho desse processador.

Entretanto, uma das limitações do processador é quão rápido o *clock* do mesmo pode operar sem que seja necessário aumentar o tamanho do processador, e também o quanto é possível reduzir o tamanho dos componentes internos utilizados em sua fabricação. Para essas e as demais limitações, uma alternativa encontrada foi aumentar a quantidade de núcleos (*cores*) presentes internamente nos processadores.

## — NÚCLEOS (CORES)

Provavelmente você já ouviu falar em processadores do tipo *dual-core* [dois núcleos] *quad-core* [quatro núcleos], *octa-core* [oito núcleos] e por aí vai.

Mas o que isso significa?

Significa que quanto mais núcleos tiver um processador, maior será a sua capacidade de executar tarefas diferentes simultaneamente em núcleos diferentes; sendo que, na grande maioria dos sistemas operacionais, estes "enxergam" cada núcleo como sendo um processador distinto, tornando essas tarefas mais fáceis de serem executadas e também mais rápidas.

Entretanto, não é somente a quantidade de núcleos que determinará se um processador tem melhor desempenho que seu concorrente, outros fatores importam, como, por exemplo, a velocidade com que o mesmo trabalha (*clock* visto anteriormente).

## — LITOGRAFIA

No processador do celular há estruturas utilizadas em seu projeto de fabricação. Um dos componentes mais notórios é o *transistor*. É através de milhões de *transistors* que se compõe um processador, sendo que quanto maior a quantidade deles, mais rápido o processador será.

E a que diz respeito a litografia nisso?

A litografia é a medida em nanômetros (unidade de medida de tamanho) que indica qual o espaço entre um transistor e outro dentro do processador. Quanto menor a litografia, maior a quantidade de *transistors* que podem ser inseridos no projeto do processador, e, consequentemente, mais rápido o mesmo será em sua comunicação interna.

## PRINCIPAIS MARCAS DE PROCESSADORES NO MERCADO DE CELULARES

| PROCESSADOR | SITE OFICIAL | MARCAS E MODELOS QUE UTILIZAM |
|---|---|---|
| Qualcomm Snapdragon | https://www.qualcomm.com/ | Samsung, Asus |
| Samsung Exynos | https://www.samsung.com/semiconductor/minisite/exynos/ | Samsung Galaxy |
| Apple Bionic | https://www.apple.com/br/ | iPhones |
| MediaTek Dimensity | https://www.mediatek.com/ | Samsung, Xiaomi, Motorola |
| Huawei Silicon Kirin | https://consumer.huawei.com/en/ | Huawei P40 |

## — MEMÓRIA RAM

O termo RAM [*Random Access Memory*; em português, "Memória de Acesso Aleatório"], tem uma função interessante no dispositivo. É na memória RAM que o programas (jogos, *apps*, etc.) e dados são armazenados temporariamente para serem executados pelo processador.

Ao executar qualquer aplicativo presente no celular, o mesmo será carregado na memória RAM, para que possa ser executado pela CPU (processador). Vários apps podem estar carregados na memória ao mesmo tempo. Nesses casos, quanto maior a memória RAM presente no celular, maior será a quantidade de apps sendo atendidos ao mesmo tempo.

Logicamente, a memória RAM tem um espaço limitado (1, 2, 3 ou 4GB); então, quando esse espaço enche, o que acontece? O próprio sistema operacional se encarrega de escolher o que será removido da memória para dar lugar à nova demanda, o que causa lentidão e também motiva pequenos travamentos. Para evitar isso, você pode, de tempos em tempos, limpar apps que não estejam sendo utilizados, mas que continuam em execução, através de aplicativos específicos (fica a dica!).

Em resumo, quanto maior a quantidade de memória RAM presente em seu celular, maior a quantidade de *apps*/tarefas que poderão ser executadas concomitantemente.

**DICA** : Atualmente, o mínimo de memória RAM para um desempenho razoável é de 2GB de RAM. O uso simultâneo de aplicativos como WhatsApp, Facebook, Instagram e navegador consumirá algo em torno de 2 GB, já podendo ocasionar lentidão ou pequenos travamentos em momentos específicos. O ideal, se for adquirir um celular novo, é comprar um aparelho que tenha pelo menos 3GB ou mais de memória RAM.

**IMPORTANTE** : Atenção para não confundir memória RAM com espaço de armazenamento interno (tema do próximo item). A memória RAM é um espaço temporário de armazenamento de dados geralmente com tamanhos menores (1, 2, 3 ou 4GB). Já o armazenamento interno é um espaço permanente onde ficam armazenados apps instalados, fotos, vídeos, entre outros. Geralmente possui tamanhos de 32, 64, 128, 256 ou 512GB.

Gostaria de saber mais sobre esse assunto? Sugiro a leitura do artigo presente no QR Code a seguir:

## — ARMAZENAMENTO INTERNO

O armazenamento interno do dispositivo é semelhante ao disco rígido (HD) de um computador *desktop*. É nesse espaço que ficarão armazenados os nossos aplicativos, dados e arquivos em geral (imagens, vídeos, documentos, entre outros).

Aqui a regra é simples: quanto maior o espaço de armazenamento interno disponível, mais dados poderão ser gravados no dispositivo.

Porém, aqui devemos levar em consideração o espaço real do aparelho.

## — ESPAÇO REAL

Quando adquirimos um aparelho com capacidade de armazenamento interno de 64GB, por exemplo, temos que considerar que ele já vem com o sistema operacional instalado e também com aplicativos de série relacionados ao sistema (também pré-instalados), que, naturalmente, ocupam espaço da memória de armazenamento.

Portanto, o espaço de armazenamento real do seu dispositivo será o espaço total menos o espaço já utilizado pelo sistema operacional e pelos aplicativos pré-instalados, o que já o torna com menos espaço de armazenamento que o anunciado no momento da compra.

## — CARTÕES DE MEMÓRIA E ARMAZENAMENTO EXTERNO

É bem provável que, em um certo momento da utilização do celular, nos depararemos com falta de espaço de armazenamento. Nesse caso, quais opções temos?

A primeira delas é limpar os dados de armazenamento que não nos servem mais: aplicativos que não são mais utilizados, fotos, vídeos, entre outros. Para facilitar essa tarefa, existem diversos aplicativos que fazem faxina automaticamente.

A segunda opção é adquirir um cartão de memória (cuidando para que o mesmo seja compatível com o seu dispositivo), caso o seu possua entrada para cartão de memória, pois não são todos que têm. Esse cartão aumentará o espaço de armazenamento, sendo uma outra unidade adicionada ao dispositivo para gravar dados. A única ressalva é que você só poderá armazenar nele fotos, vídeos e documentos, não poderá instalar aplicativos e executá-los a partir dele.

A terceira opção é utilizar serviços na nuvem para servir de **backup** ou para ampliar o poder de armazenamento externo do aparelho. Para essa função, serviços como Google Drive[2] e DropBox[3] podem ser utilizados, inclusive instalando os aplicativos em seu dispositivo para que essa tarefa fique mais fácil.

2 Google Drive: https://www.google.com/intl/pt-BR/drive/
3 DropBox: https://www.dropbox.com/home

## ITENS PARA LEVAR EM CONTA PARA UM MELHOR DESEMPENHO DO SEU CELULAR

| | |
|---|---|
| 1. VELOCIDADE DA CPU | A velocidade de um processador está ligada a quantos ciclos de processamento o mesmo consegue executar em um segundo. Lembrando que quanto mais núcleos presentes na CPU, maior a quantidade de tarefas que esta poderá realizar de forma independente em cada núcleo. Portanto, neste item é importante verificar a quantidade de núcleos e em que frequência trabalha cada um deles. **Quanto maior a quantidade de núcleos e maior a frequência de operação deles, melhor.** |
| 2. MEMÓRIA RAM | Como a função da memória RAM é manter ativa a maior quantidade de dados possíveis em uso (apps, processos em segundo plano, entre outros) para serem executados pelo processador, aqui também vale a relação de que **quanto maior a quantidade de memória RAM, mais operações ativas o sistema operacional do seu dispositivo poderá prover.** |
| 3. SLOT PARA MEMÓRIA EXTERNA | Grande parte dos celulares atuais possui entradas para cartão de memória (SD, micro SD, etc.). Isso ajuda bastante nas questões de pouco espaço de armazenamento. Verifique se o dispositivo que pretende adquirir conta com esse recurso. |
| 4. ARMAZENAMENTO INTERNO | Aqui encontramos tamanhos distintos de espaço de armazenamento interno (32, 64, 128, 256GB). **Quanto maior esse espaço, menos será preciso recorrer a outros meios devido a espaço insuficiente,** algo bastante comum, frente à quantidade de dados que recebemos diariamente. |
| 5. TAMANHO DO SEMICONDUTOR | Referente à escala de tamanhos dos componentes internos presentes no processador (semicondutores), basicamente **quanto menor esse tamanho, melhor o desempenho e menor o consumo de energia envolvido.** *Chipsets* projetados e desenvolvidos com maiores números de transistores oferecem maior poder computacional. |
| 6. VELOCIDADE RAM | Suporte a **velocidades mais rápidas proporcionarão melhor desempenho** nas tarefas realizadas pelo processador. |

| | |
|---|---|
| 7.<br>SUPORTA 32 OU 64 BITS? | Entre uma e outra, opte sempre pela **arquitetura mais atual, ou seja, 64bits.** Nesses casos, o processador consegue trabalhar com uma maior quantidade de dados por operação. |
| 8.<br>TECNOLOGIA *Big. Little* | A tecnologia *Big.Little*, presente em boa parte dos dispositivos, **permite ao processador utilizar núcleos de processamento alternados, como forma de maximizar o desempenho do dispositivo**, bem como, a duração da bateria. |
| 9.<br>*Threads* DA CPU | *Threads* correspondem basicamente à **divisão de uma tarefa maior em tarefas menores**, através de linhas independentes para realização dessas tarefas. **Quanto maior o número de linhas de *threads* presentes na CPU, melhor** o desempenho final. |
| 10.<br>*NX Bit* | O suporte a *NX Bit* em um processador faz com o que o mesmo **execute o que necessita de forma mais segura**, separando as áreas de memória que podem ser usadas para a execução de código daquelas que só poderão servir para armazenamento de dados. |
| 11.<br>ESCALA DE FREQUÊNCIA DINÂMICA | Presente em boa parte dos dispositivos, a escala dinâmica de frequência faz com que o processador poupe mais energia enquanto estiver com uma carga leve de dados a serem processados. |

# CÂMERA

É através delas que tiramos fotos, *selfies*, criamos vídeos, participamos de videochamadas, entre outras tantas funções que elas nos proporcionam. Por essa razão, nos últimos anos, as câmeras de celulares ganharam atenção especial e, consequentemente, diversas tecnologias associadas ao seu projeto de desenvolvimento e às suas funções se expandiram.

Aí vem a pergunta: como escolher uma boa câmera ao adquirir um celular? O que devo observar com maior atenção? Quais itens técnicos avaliar com maior precisão?

Considerando esses itens fundamentais, seguem algumas dicas para auxiliar você na escolha da câmera.

## — MEGAPIXELS

Compreendemos que um pixel diz respeito a menor unidade que forma uma imagem digital. Da mesma forma, quando nos referimos à unidade megapixels estamos dizendo que determinada imagem é formada por milhões de pixels, que, juntos, produzem a imagem como um todo.

Partindo desse fundamento, quanto mais *pixels* presentes em uma imagem, melhor será sua resolução, e, consequentemente, maior também será o tamanho desse arquivo.

## — TAMANHO DA ABERTURA

Também descrita como *Aperture size*, o tamanho da abertura é um fator bem considerável na qualidade final de uma imagem. Ele diz respeito, mais especificamente, ao diafragma presente nas câmeras. Entre suas funções, estão: controlar a quantidade de luz que chega ao sensor e determinar a profundidade de campo e o foco/desfoco.

**IMPORTANTE**

O valor encontrado no tamanho de abertura nas especificações técnicas da câmera de um celular geralmente aparece ao lado da letra "f". **Quanto menor esse número, maior será a abertura e, consequentemente, maior quantidade de luz atingirá o sensor**, o que possibilitará a imagem ficar mais clara e favorecerá fotografias em ambientes escuros.

## — FOCO

O foco em câmeras para celulares possui geralmente duas categorias principais:

- **Autofoco:** recurso utilizado pela câmera como forma de "dar ênfase" à imagem de forma automática, fazendo isso sem nenhuma intervenção do usuário.

- **Foco por toque:** como o próprio nome sugere, permite ao usuário tocar em determinado ponto da tela (ou objeto) onde ele quer dar foco, o que permite certa personalização da imagem a ser gerada.

## — ISO

Nomenclatura que se refere a uma medida de sensibilidade à luz (ou, definição da imagem). **Quanto maior for o número ISO, mais clara será a imagem; quanto menor, mais escura,** simples assim. Entretanto, também **quanto mais alto for o valor do ISO, maior a probabilidade de granulação na imagem e ruído digital.**

Especificações com ISO 100, por exemplo, correspondem a câmeras capazes de capturar imagens nítidas quando em boas condições de iluminação. Ademais, em modo automático, ele se adapta à luz do ambiente.

## — *Zoom*

O recurso *zoom* em uma câmera de celular se refere à capacidade de essa câmera ampliar objetos, pessoas, paisagens, entre outros diversos cenários distantes. Como fatores de qualidade do *zoom* estão o limite máximo de aproximação que esse recurso alcança, bem como, a resolução da imagem ao utilizá-lo.

A "potência" propiciada pelo recurso *zoom* pode ser classificada em dois grupos principais:

- ***Zoom* óptico:** sempre o mais indicado, assemelha-se muito a um binóculo. No zoom óptico, as próprias lentes da câmera são utilizadas para realizar a aproximação de um objeto, de pessoa, etc. A sua vantagem na câmera é um mínimo de distorção e desfoque ocasionado.

- ***Zoom* digital:** com menor qualidade do que o *zoom* óptico, o *zoom* digital cumpre o seu papel de aumentar a imagem, porém, distorce a mesma, o que traz menor qualidade no resultado final (se comparado ao zoom óptico).

## — ESTABILIZAÇÃO

Recurso que faz com que a foto (ou vídeo) não saia tremida no ato de sua captura. Quando esse recurso não está presente, qualquer tremida pode fazer com que a imagem gerada fique borrada.

Semelhante ao *zoom*, o recurso de estabilização conta com duas categorias principais:

- **Óptica:** capaz de compensar movimento, essa estabilização minimiza tremores e consegue fotografar em condições de pouca luz.

- **Digital:** procura também minimizar o movimento da câmera, porém a imagem pode ter o efeito de "granulação", devido a um elevado grau de ISO.

## — HDR

O recurso HDR [*High Dynamic Range*, em português, "Alto Alcance Dinâmico"] tem como objetivo capturar intensidades diferentes de luz, preservando os detalhes das cores presentes nas imagens.

O resultado de utilização do recurso HDR no dispositivo é a geração de imagens mais nítidas, com melhores níveis de contraste e cores mais vivas, entre outros.

## PONTOS A OBSERVAR QUANTO À QUALIDADE DA CÂMERA DE UM CELULAR

| | |
|---|---|
| 1. MEGAPIXELS (CÂMERA PRINCIPAL/ TRASEIRA) | Um maior número de megapixels, conforme descrito nos parágrafos anteriores sobre câmeras, fará com que a imagem capturada tenha uma melhor resolução. Dessa forma, números maiores de megapixels (descrito nas resoluções suportadas), indica que a câmera é capaz de capturar mais detalhes. Lembrando que não é somente os megapixels que dirão se uma câmera é boa ou não, mas sim, o conjunto dos demais componentes que fazem parte dela. **Dica: se puder escolher, evite câmeras com menos de 8 megapixels.** |
| 2. MEGAPIXELS (CÂMERA FRONTAL) | |
| 3. POSSUI ESTABILIZADOR ÓPTICO DE IMAGEM EMBUTIDO? | Com esse recurso, é possível detectar vibrações da câmera e reajustar o percurso óptico, garantindo assim que qualquer "mancha" de movimento seja corrigida antes de o sensor capturar a imagem. |
| 4. GRAVAÇÃO DE VÍDEO (CÂMERA PRINCIPAL) | Indicará a **resolução máxima disponível para vídeo capturados com a câmera principal.** As resoluções mais comuns são: HD (1280x720 pixels), Full HD (1920x1080 pixels) e Ultra HD (3840x2160 pixels). Dica: **verifique nas especificações se é possível gravar pelo menos a 30fps.** |
| 5. ABERTURA MÁXIMA (CÂMERA PRINCIPAL) | Uma maior abertura do diafragma significa que o sensor é capaz de captar mais luz, ajudando a evitar imagens fora de foco; gera também uma menor profundidade de campo, permitindo que imagens em segundo plano sejam desfocadas; e maior foco ao objeto fotografado. **Dica: quanto menor o valor informado ao lado da letra "f", melhor.** |
| 6. POSSUI SENSOR DE ILUMINAÇÃO TRASEIRA? | O sensor de iluminação traseira garante a geração de imagens melhores, mesmo em condições de pouca iluminação, proporcionando maior nitidez e maior qualidade à foto como um todo. |
| 7. SUPORTA GRAVAÇÃO DE VÍDEOS EM CÂMERA LENTA? | O efeito *slow-motion* (ou câmera lenta) é realizado gravando vídeos com uma taxa de quadros maior que a taxa padrão de 24fps ou 30 fps. |

| | |
|---|---|
| **8. POSSUI FUNÇÃO HDR** | Conforme detalhado no texto acima, o recurso HDR, quando presente na câmera, permite tirar fotos automaticamente, com alto alcance dinâmico. |
| **9. POSSUI FLASH?** | Considerar essa opção em ambientes pouco iluminados. |
| **10. POSSUI ISO MANUAL?** | Permite ao usuário controlar manualmente o nível de ISO (mais claro ou mais escuro). |
| **11. POSSUI MODO SEQUENCIAL DE FOTOGRAFIA?** | Recurso que permite o disparo em série ou contínuo de um número "X" de imagens em sequência. |
| **12. POSSUI CÂMERA PRINCIPAL COM DUAS OU MAIS LENTES?** | Recurso importante – **câmeras multilentes são capazes de gerar imagens mais nítidas, mesmo em condições de baixa luminosidade**, permitindo o uso de efeitos como suavização de fundo. |
| **13. PERMITE FAZER FOTOGRAFIA PANORÂMICA?** | Basicamente, esse recurso permite tirar várias fotos capturando diferentes partes do cenário e juntar posteriormente todas as fotos em uma só imagem. |
| **14. POSSUI FUNÇÃO *TIMELAPSE*?** | Tem a função de mostrar uma longa passagem de tempo de forma acelerada. Uma série de fotografias obtidas na mesma posição durante um certo período de tempo são ligadas para a criação de um pequeno vídeo. |
| **15. POSSUI CÂMERA FRONTAL COM LENTE DUPLA (OU MULTILENTE)?** | Com esse recurso, o resultado são imagens geradas com maior nitidez, especialmente em situações de baixa luminosidade, sendo uma ótima opção para *selfies*. |

# REDE

Termos técnicos sobre os formatos das redes de telefonia e suas siglas, muitas vezes, causam bastante dúvidas nos usuários. Vamos entender aqui as principais delas.

## — 3G

É uma sigla utilizada para denominar a terceira geração da telefonia móvel. A tecnologia 3G teve seu início nos anos 2000 e propiciou velocidades maiores de conexão aos seus usuários, substituindo a tecnologia antecessora (2G, que alcançava velocidades máximas de até 01 Mb/s).

A tecnologia 3G permitiu ainda que os usuários pudessem de fato navegar em sites da web, enviar e-mails, ouvir músicas e vídeos (downloads), entre outras funcionalidades.

**NOTA: HSPA E HSPA+** são duas siglas que remetem à tecnologia 3G. Na verdade, o HSPA e o HSPA+ são dois protocolos de troca de dados (também conhecidos como 3,5G e 3,75G, respectivamente) que permitem, dependendo da cobertura da rede de telefonia, velocidades superiores ao 3G (velocidades máximas aproximadas de até 20Mbps).

## — 4G

Também conhecida como LTE [*Long Term Evolution*; em português, "Evolução de Longo Prazo"], a rede 4G (quarta geração) surgiu em 2019 e teve contribuições significativas principalmente para a velocidade de conexão e para o carregamento de dados.

As principais características das redes 4G são:

— Maior qualidade em portabilidade e banda larga;
— Ênfase no tráfego de dados;
— Rede mais estável que as antecessoras;
— Rede baseada no protocolo IP.[4]

**NOTA:** Como evolução dessa tecnologia tem-se o LTE *Advanced* (4G+ ou 4,5G), que proporciona maior velocidade de acesso à internet e otimização da rede. E também, o LTE *Advanced* Pro (4,5G), que permite aos seus usuários maior transferência de bits, possibilitando-os fazer uso de um maior volume de dados.

## — 5G

Com um foco diferente das demais tecnologias móveis para celular, o objetivo do 5G é levar internet para um maior número de dispositivos conectados, como por exemplo, automóveis, eletrodomésticos, casas inteligentes, entre outros, utilizando o princípio da Internet das Coisas (IoT).[5]

Como diferenciais da tecnologia 5G podemos citar:

— Maiores velocidades (pretende-se alcançar próximo a 10Gbps);

4 Protocolo IP: O IP (Internet Protocol) é o principal protocolo de comunicação da Internet. Ele é o responsável por endereçar e encaminhar os pacotes que trafegam pela rede mundial de computadores.

5 A Internet da Coisas (IoT) consiste em uma rede de "objetos físicos" incorporados a sensores, softwares e outras tecnologias, com o objetivo de conectar e trocar dados com outros dispositivos e sistemas pela internet. Esses dispositivos variam de objetos domésticos comuns a ferramentas industriais sofisticadas.

— Possibilidade de um maior número de dispositivos conectados;
— Menor latência (atraso);
— Segmentação da rede para aplicações críticas.

**IMPORTANTE**

Quando você está utilizando seu dispositivo e aparece no topo alguma destas letras: "H", "H+", "G", "E", "LTE", entre outras, as mesmas se referem às tecnologias associadas à rede móvel em questão, conforme tabela a seguir.

| REDE | SIGLA (PROTOCOLO DE COMUNICAÇÃO ASSOCIADO) |
|---|---|
| 2G | G (GPRS) |
| 2.5G | E (EDGE) |
| 3G | W-CDMA |
| 3.5G | H HSPA |
| 3.75G | H+ (HSPA+) |
| 4G | LTE |
| 4G+ | LTE-A |
| 4.5G | LTE-A Pro |
| 5G | E, UWB (variando conforme operadora) |

**OBSERVAÇÃO:** tanto o nome da rede quanto a própria sigla podem aparecer no topo do dispositivo como forma de identificar a tecnologia que está sendo utilizada, como a rede móvel. Essa variação pode ocorrer dependendo do dispositivo utilizado (marca e modelo), bem como do sistema operacional que o mesmo possui.

## — TIPOS DE CARTÃO DE TELEFONIA (CHIPS)

Os chips, também conhecidos como SIM Cards ou Cartões SIM, são fornecidos a nós no momento da contratação de um plano de telefonia em uma operadora. É através deles que podemos trocar de aparelho e continuar com nosso número de telefone sem que precisemos trocar o mesmo.

Aqui também existem algumas evoluções que foram ocorrendo com o passar do tempo, quanto ao tipo, tecnologia e tamanho desses chips, conforme apresentado na tabela seguinte.

| TIPO DE CHIP | TAMANHO (ALTURA X LARGURA X ESPESSURA) | DESCRIÇÃO |
|---|---|---|
| Mini-SIM | 25mm x 15mm x 0.76mm (também conhecido como 2FF) | O maior e mais antigo existente no mercado. Foi o precursor dos chips utilizados nos primeiros dispositivos. |
| Micro-SIM | 15mm x 12mm x 0.76mm (também conhecido como 3FF) | Bastante comum em celulares intermediários, veio em substituição ao modelo anterior (Mini-SIM). |
| Nano-SIM | 12,3mm x 8,8mm x 0.67mm (também conhecido como 4FF) | O menor dos três modelos atuais, não possui bordas laterais. É o tipo de chip mais utilizado atualmente no mercado. |

## IMPORTANTE

O que diferencia os três modelos acima são apenas suas dimensões (tamanho), uma vez que a sua função é a mesma: propiciar ao dispositivo um número específico, identificação e pacote de serviços.

O que temos de novo surgindo nesse segmento é a nova versão desses chips, como o e-SIM. Ainda recente, os chips e-SIM prometem substituir o atual modelo de chips (inserido pelo usuário no aparelho) já vindo embutidos internamente no próprio aparelho.

Entre suas vantagens, esse tipo de cartão possibilita ao usuário poder ter mais de um número de telefone de diferentes operadores no mesmo dispositivo, menor burocracia ao contratar planos ou mudar de operadora e, por fim, em caso de roubo ou perda do celular, outra pessoa não conseguir remover ou destruir o chip.

# CONECTIVIDADE

A conectividade de um celular hoje é fundamental. É através da tecnologia por trás da conectividade que podemos ter acesso à internet, imprimir um documento diretamente do nosso celular, trocar arquivos com outro dispositivo, pagar contas por aproximação, entre outras inúmeras opções.

Como sabemos, a conectividade pode se dar através de diferentes tecnologias, portanto, conhecer as principais nos ajudará bastante a usá-las; então, vamos lá!

## — WI-FI

Tecnologia bastante difundida, a conectividade Wi-Fi permite-nos conectar a redes sem fio utilizando o padrão IEEE 802.11. O que temos que saber aqui são os tipos de Wi-Fi atuais, como funcionam e o que representam em nossos dispositivos.

> **EXEMPLO:** o celular que estou adquirindo informa ter Wi-Fi 5 (802.11 AC). O que isso quer dizer de fato?

A tabela abaixo pode nos ajudar.

| PADRÃO DA TECNOLOGIA | FREQUÊNCIA QUE OPERA | VELOCIDADE MÁXIMA ALCANÇADA (NÚMEROS APROXIMADOS) |
|---|---|---|
| 802.11b | 2,4 GHz | 11 Mbps |
| 802.11a | 5 GHz | 54 Mbps |
| 802.11g | 2,4 GHz | 54 Mbps |
| 802.11n (Wi-Fi 4) | 2,4 GHz ou 5 GHz | 600 Mbps |
| 802.11ac (Wi-Fi 5) | 5 GHz | 1300 Mbps |
| 802.11ax (Wi-Fi 6) | 2,4 GHz, 5 GHz e 6 GHz | 4800 Mbps |

Na tabela, para cada padrão de tecnologia que acompanha nosso dispositivo existe uma faixa de operação (frequência sem fio) em que o mesmo opera, bem como uma velocidade máxima que poderá operar quanto à troca de dados.

**DICA 1:** se puder escolher entre um padrão de tecnologia ou outro, procure sempre por versões Wi-Fi que contenham a tecnologia mais recente. Se pegarmos o exemplo do Wi-Fi 5, ele terá sempre mais vantagens que os padrões anteriores, como por exemplo, maior amplitude de canais, maior número de fluxos, tecnologia multiusuários, entre outros benefícios.

**DICA 2:** o Wi-Fi 5GHz proporciona melhores conexões e maiores velocidades somente se o dispositivo em questão estiver próximo ao roteador, preferencialmente, no mesmo cômodo. Se o dispositivo móvel estiver em um cômodo diferente do roteador, normalmente o Wi-Fi 2.4 GHz oferece uma conexão mais estável, mesmo que com uma menor velocidade (taxa de transferência de dados).

Lembrando que os fatores: intensidade do sinal (alcance da antena) e velocidade da internet que opera na sua rede Wi-Fi (banda larga contratada) podem estar diretamente ligados à tarefa que pretende realizar; nesses casos, a qualidade dessas certamente influenciará.

## — WI-FI DIRECT

O Wi-Fi Direct, como o próprio nome sugere, permite que dispositivos que possuam essa tecnologia possam trocar dados entre si sem a necessidade de um roteador ou ponto de acesso. Dessa forma, é possível parear dois ou mais dispositivos de forma direta.

Essa tecnologia está presente em celulares, impressoras, *smart TVs*, entre outros dispositivos. Para utilizar, basta parear os dispositivos (ambos devem estar em uma distância que permita um identificar o outro) e configurar um PIN através do serviço *Wi-Fi Protected Setup*, que permitirá um nível de segurança confiável para a troca de dados.

Mas essa tecnologia não é semelhante ao *bluetooth*?

Sim, mas as vantagens do Wi-Fi Direct estão no fato de que possui maior segurança, proporciona maior velocidade na troca de dados entre os dispositivos, além de possibilitar enviar arquivos maiores que os suportados pelo *bluetooth*. Soma-se a isso, a possibilidade de integrar dispositivos diferentes (impressoras, TVs) que possuam a mesma tecnologia, sem necessidade de instalação de aplicativos extras para esse fim.

## — *Bluetooth*

A tecnologia *bluetooth* é bastante popular como meio de troca de dados. Além de ser uma tecnologia sem fio, que utiliza as ondas de radiofrequência para comunicação, ela está há um bom tempo no mercado e presente na grande maioria dos dispositivos.

Mas a tecnologia *bluetooth* não se restringe somente a celulares. Encontramo-la em relógios, computadores, notebooks, caixas de som, fones de ouvido, entre outros.

E por que essa tecnologia se popularizou tanto?

Devido basicamente ao seu baixo consumo de energia e a sua facilidade de utilização.

A tabela a seguir ajuda a entender a evolução das versões *bluetooth* e as principais características de cada uma.

| VERSÃO | CARACTERÍSTICAS |
|---|---|
| Bluetooth 1.0 | Criada em 1994, recebeu evoluções (versões 1.1 e 1.2). Operava em frequência aproximada de 700 Kbps. |
| Bluetooth 2.0 | Criada em 2004, permitia uma troca de dados aproximada de 3 Mbps, além de uma considerável redução de energia em comparação a sua versão anterior. A versão 2.1 trouxe também segurança para a troca de dados. |
| Bluetooth 3.0 | Taxa de troca de dados aproximada de 25 Mbps, com surgimento da tecnologia High Speed (HS). |
| Bluetooth 4.0 | Com foco em reduzir o consumo de energia, a versão 4.0 e posterior a 4.1 (2013) permitiu acompanhar tendências como a Internet das Coisas (IoT), e também permitiu a troca de dados de arquivos mais pesados, com novos mecanismos de segurança. |
| Bluetooth 5.0 | Criada em 2016, permitiu a comunicação em distâncias maiores de 40 metros, com uma velocidade de troca de dados próxima a 50 Mbps. Houve melhorias também para as questões de interferências sem fio, aprimorando automaticamente a utilização dessa tecnologia. |
| Bluetooth LE | Versão voltada para o baixo consumo de energia, esta variante foi criada com foco em dispositivos da Internet das Coisas, que precisam enviar pequenas quantidades de bits (uma vez que sua taxa de transferência é de 01 Mbps). |

**DICA:** aqui temos uma questão interessante. À medida que a distância aumenta na utilização da tecnologia *bluetooth* para troca de dados com outro dispositivo, maior tende a ser o consumo. Portanto, se puder escolher, opte sempre por tecnologias mais novas que levam em conta problemas de versões anteriores e sejam, portanto, melhorias dessas.

## — USB

Um dos mais utilizados padrões de comunicação, o USB (*Universal Serial Bus*) é utilizado não somente em celulares, mas computadores, *notebooks*, tablets, entre outros dispositivos do nosso dia a dia.

O interessante aqui é entendermos que o padrão USB, na verdade, possui diferentes velocidades — que variam conforme a evolução da tecnologia, como USB 1.0, 2.0, 3.0, 3.1, 3.2, 4.0 — e diferentes tipos de conexão (USB Micro, USB tipo A, B, C).

Quanto às versões do USB e velocidades máximas alcançadas tem-se o seguinte:

| VERSÕES USB | ANO DE LANÇAMENTO | VELOCIDADE MÁXIMA EM QUE OPERA |
|---|---|---|
| USB 1.0, 1.1 | 1998 | 1,5 Mbps - 12 Mbps |
| USB 2.0 | 2000 | 480 Mbps |
| USB 3.0 | 2008 | 5 Gbps |
| USB 3.1 | 2013 | 10 Gbps |
| USB 3.2 | 2017 | 20 Gbps |
| USB 4.0 | 2019 | 40 Gbps |

A tabela a seguir apresenta os padrões (tipos de conexões) utilizados para troca de dados em nossos dispositivos, bem como, as características predominantes desses padrões.

| PADRÃO | CARACTERÍSTICAS |
|---|---|
| USB-A | Primeira versão do USB, é encontrada geralmente em computadores, TVs e console de jogos. Possui uma interface plana e regular que permite conexão de outros periféricos. |
| USB-B | Segunda versão dessa tecnologia, é muito utilizada em impressoras. Possui uma interface retangular como forma de identificação. |
| Mini-A | Primeira versão menor do USB que se popularizou, tornando-se padrão para celulares. |
| Micro-USB | Padrão atual (menor que os modelos anteriores – Mini) substituído gradativamente para os padrões USB – Type C. |
| USB Type-C | O mais recente padrão, o USB tipo C é reversível (conecta-se independente do lado inserido) e possui taxas de transferências de dados mais altas que as versões anteriores. |
| Lightning | Conector padrão da Apple para iPhone, iPad, entre outros dispositivos da fabricante. Não chega a ser um padrão USB, mas possui um tamanho semelhante ao padrão USB-C. |

## — NFC

Tecnologia de comunicação sem fio, o NFC (*Near Field Communication*; em português, "Comunicação de Campo Próximo") permite troca de dados entre dispositivos próximos, semelhante ao que acontece na tecnologia *bluetooth*, porém, com foco na segurança. Através da aproximação dos dispositivos, a tecnologia NFC gera um link em frequência de dados de curta distância (distância máxima de 10 cm).

Não é à toa que essa tecnologia é bastante utilizada como método de pagamento digital utilizando o celular. Apple Pay (iPhone)[6], Samsung Pay[7] e Android Pay[8] são exemplos de plataformas que se utilizam desse recurso. Celulares com chip NFC presentes podem substituir o cartão de crédito ou débito ao se fazer compras em lojas/estabelecimentos que contenham uma máquina compatível.

Dispositivos NFC podem ser basicamente de dois tipos: ativos e passivos. Os ativos possuem sua própria fonte de energia e podem enviar ou receber dados (celulares que possuem essa tecnologia são um meio de comunicação ativo, por exemplo). Os NFCs passivos precisam de um chip ativo próximo para obter energia e só conseguem transmitir dados, como por exemplo, os cartões magnéticos de transportes.

Lembrando que, para utilizar o NFC, é necessário que o seu celular conte internamente com essa tecnologia presente.

## OUTROS ITENS IMPORTANTES SOBRE OS RECURSOS QUE O SEU CELULAR PODERÁ TER.

| RECURSO | FUNÇÃO |
|---|---|
| 1. LEITOR DE IMPRESSÃO DIGITAL | Tem o objetivo de manter as informações seguras, permitindo o desbloqueio do celular através da leitura biométrica do usuário. |
| 2. SUPORTE A MAIS DE UM CARTÃO SIM FÍSICO | Com suporte a DUAL SIM, é possível utilizar dois números de celular, através de operadores distintos, no mesmo dispositivo. |
| 3. SUPORTE A 5G | Quando presente no celular, fornece velocidades de acesso à internet de alta velocidade e atrasos de comunicação menores, se comparado às tecnologias anteriores (3G e 4G). |

6 https://www.apple.com/br/apple-pay/
7 https://www.samsung.com.br/samsungpay/
8 https://pay.google.com/intl/pt_br/about/

| | |
|---|---|
| 4.<br>POSSUI GIROSCÓPIO? | Esse recurso permite detectar se você gira o dispositivo em seu próprio eixo, ou se o dispositivo está apontando para cima ou para baixo — recurso bastante útil para jogos e realidade aumentada. |
| 5.<br>POSSUI RECONHECIMENTO OFF-LINE DE VOZ? | Através deste recurso é possível executar ações de voz, como comandos para transformar áudios em textos, acesso à internet, entre outras funções de acessibilidade também. |
| 6.<br>POSSUI GPS? | O Sistema de Posicionamento Global (GPS) permite acessar satélites de comunicação e, através de aplicativos de localização, deslocar-se de maneira guiada. |
| 7.<br>POSSUI ACELERÔMETRO? | Trata-se de um sensor utilizado para medir a aceleração do dispositivo. Um uso comum desse recurso é sua capacidade de detectar mudanças na orientação vertical e horizontal no dispositivo. |
| 8.<br>POSSUI COMANDOS DE VOZ? | Com essa função, você pode controlar as funções básicas de seu dispositivo e acessar facilmente o mesmo sem pressionar nenhum botão. |
| 9.<br>PERMITE RASTREAR A LOCALIZAÇÃO ATUAL DO DISPOSITIVO? | Muito útil em casos de extravio, perda ou roubo do dispositivo, para que seja possível localizar o aparelho, ou então, a inserção de ações a distância (remotamente). |
| 10.<br>VERSÕES WI-FI, BLUETOOTH E USB | Opte, sempre que possível, pelas versões mais recentes dessas tecnologias. |

# BATERIA

No que tange às baterias dos celulares há duas questões importantes: a primeira é quanto à amperagem, ou, em outras palavras, o quanto ela consegue guardar/reter de energia; a segunda questão diz respeito aos tipos de baterias presentes nos celulares atualmente (Li-Ion ou Li-Po).

Você já deve ter observado na especificação técnica de uma bateria de celular que ela geralmente apresenta uma sigla, ao lado de um valor, como por exemplo: 3000 mAh. Mas afinal, o que isso significa?

Pois bem, a capacidade da bateria é medida em miliampere-hora, por isso a sigla "mAh". Assim, quanto maior o valor descrito nessa sigla (no nosso exemplo: 3000) maior será a sua retenção de carga e também maior será a sua duração.

**DICA** : Se tiver que escolher entre celulares no quesito baterias, prefira sempre baterias com maiores valores de capacidade em mAh. Afinal, quanto maior a quantidade de miliamperes indicada, maior será a autonomia desse dispositivo.

**IMPORTANTE**

Logicamente, a duração da bateria não está somente associada à sua capacidade de retenção, mas também ao uso que o usuário faz do dispositivo (tempo de uso durante o dia, tipos de atividades/aplicativos utilizados com frequência) e questões do próprio dispositivo, como consumo de energia pelo processador, do sistema operacional, da temperatura ambiente, entre outros fatores que podem fazer com que a bateria dure mais ou menos.

## TIPOS DE BATERIAS PARA CELULARES

É bastante recorrente também dúvidas dos usuários quanto às siglas das baterias, as quais se referem aos materiais utilizados em seu processo de fabricação. Há duas siglas bastante comuns: Li-Ion (Íons de Lítio) e Li-Po (Íons de Polímero).

Mas o que elas representam de fato? O que diferencia uma da outra?

As baterias do tipo Li-Ion são utilizadas em grande parte dos celulares, notebooks e tablets já há algum tempo, enquanto as baterias do tipo Li-Po são mais comuns em dispositivos Apple.

O lítio, em si, é um material alcalino (metal) que serve de base para a produção desses dois tipos de bateria (Li-Ion e Li-Po), pois possui características essenciais para sua utilização, como, por exemplo, um grande potencial eletroquímico, densidade e leveza, se comparado a outros metais.

Baterias do tipo Li-Po costumam ser mais leves, flexíveis e com maior poder de energia. O próprio polímero (material-base utilizado para a sua fabricação) é um material bastante maleável, o que permite uma redução do peso das baterias em pelo menos 20%.

**AÍ VEM A PERGUNTA:** *E por que as baterias do tipo Li-Po não dominam o mercado ainda?* Simples: seu custo de fabricação ainda é alto, o que naturalmente aumentaria o preço final de venda dos dispositivos.

Ao compararmos as duas soluções em baterias presentes no mercado (Li-Ion e Li-Po), concluímos que ambas possuem características semelhantes de recarregamento, desempenho energético e ciclo de vida útil — além de ambas não viciarem.

**IMPORTANTE**

Aqui o diferencial para você não será necessariamente o tipo de projeto e fabricação da mesma (se é Li-Ion ou Li-Po), uma vez que as duas são muito semelhantes em suas características, mas sim, as recomendações de uso otimizado da bateria (descritas ao longo desse livro), pois de fato trarão benefícios reais à sua utilização e, claro, uma maior autonomia da mesma.

## ITENS A VERIFICAR NA BATERIA DE CELULAR

| 1. CAPACIDADE DA BATERIA<br>Lembrando que quanto maior a capacidade de retenção da mesma, medida em mAh, possivelmente maior a autonomia que seu celular vai ter em energia. **Evite celulares com baterias inferiores à capacidade de 3.000 mAh.** |
|---|
| 2. POSSUI CARREGAMENTO SEM FIO?<br>Não são todos os aparelhos que dispõem de tal recurso, mas alguns contam com um kit para recarga sem fio, colocando o dispositivo em sua base de energia. |
| 3. OFERECE CARREGAMENTO RÁPIDO?<br>Presente em alguns modelos de aparelho, as tecnologias de carregamento rápido reduzem consideravelmente o tempo de carregamento de um aparelho. Com a tecnologia *Quick Charge*, por exemplo, em cerca de 30 minutos a bateria pode ser carregada em 50%. |
| 4. POSSUI MODO ULTRA DE ECONOMIA DE ENERGIA?<br>Basicamente, esse recurso, também conhecido como modo de baixa energia, permite prolongar a duração da bateria do dispositivo. |

# CATEGORIA: BATERIAS

*"O celular está com a bateria fraca, mas tem carga suficiente para me lembrar disso de 5 em 5 minutos."*[9]

9 https://www.frasespequenas.com.br/frase-48529

# MITOS E VERDADES SOBRE OS CELULARES: PERGUNTAS MAIS BUSCADAS

Como este livro tem o objetivo de ser útil no entendimento dos telefones celulares, nada mais justo do que buscar saber quais as principais dúvidas dos usuários sobre seus dispositivos. Sendo assim, foram realizadas diversas pesquisas e consultadas inúmeras fontes que pudessem de fato dar subsídios às perguntas encontradas.

Na sequência, você encontrará uma série de quarenta perguntas respondidas, divididas nas categorias: "Bateria", "Ouvi dizer", "Dicas" e "Segurança", além de um capítulo de "Bônus Úteis", que, sem dúvida, ajudarão no seu entendimento e curiosidade sobre perguntas bastante buscadas na internet.

Ainda, você encontrará em algumas dessas perguntas QR Codes para links externos como forma de ampliar as respostas associadas àquela pergunta, bem como, expandir as possibilidades relacionadas à questão em si.

# BATERIA DE CELULAR VICIA?

Esta é uma pergunta recorrente entre milhões de usuários de telefone celular. "Bateria de celular vicia?"; "minha bateria parece durar cada vez menos com o passar do tempo!", ou ainda, "tenho que carregar cada vez mais meu celular".

Primeiramente, em celulares atuais, as baterias não viciam mais.

Antigamente, o que acontecia era que as baterias produzidas para celulares eram de níquel-cádmio (elementos químicos de fabricação), mais baratas (menor custo de produção), porém, apresentavam um menor tempo de vida útil que as atuais, uma menor capacidade de carga e também um problema denominado "efeito memória" ou "bateria viciada".

De maneira objetiva, o problema do efeito memória era que a bateria não era carregada em sua totalidade (100%), mas, em sua composição, era indicado que estava completa. Por exemplo: em um efeito memória de 20%, a carga efetiva de carregamento da bateria seria de 80% de sua capacidade total, mas 20% do que ainda teria para carregar seria desperdiçado devido ao "efeito memória" do níquel-cádmio utilizado nessas baterias.

Por se somarem ainda a esses problemas (efeito memória, menor capacidade, menor tempo de vida útil), o fato de serem compostas por um elemento químico prejudicial ao meio ambiente, as baterias de níquel foram sendo substituídas gradativamente pelas de íons de lítio (Li-Ion).

As baterias de íons de lítio, por sua vez, são utilizadas atualmente em grande escala, principalmente em dispositivos eletrônicos e portáteis, pois permitem armazenar uma grande quantidade de energia em baterias leves e pequenas, além de não sofrerem o efeito memória mencionado anteriormente.

Em outras palavras, as baterias de íons de lítio podem ser carregadas sem que necessariamente tenham descarregado totalmente (ou seja, a qualquer momento), sem correr o risco de viciarem.

# COMPREI UM CELULAR, DEVO FAZER UMA PRIMEIRA CARGA COMPLETA?

Boa pergunta e a resposta para ela é **não.**

Não precisamos fazer uma primeira carga completa assim que adquirimos um novo celular e queremos testá-lo ou utilizá-lo desde já. E isso devido à mesma justificativa apresentada na seção anterior: as novas baterias de íons de lítio não viciam.

Muitos usuários se perguntam: "é verdade que preciso fazer uma carga de oito ou doze horas na bateria antes de começar a utilizar o celular?"

Antigamente, caso o usuário recarregasse a bateria de seu celular antes que a mesma estivesse totalmente descarregada, teria o problema do efeito memória. Hoje em dia, não há mais necessidade de tal procedimento.

Quando adquirimos um novo celular, o mesmo já vem com uma certa carga de bateria (cerca de 70% a 80%, podendo variar) indicando que a mesma foi previamente testada, e também para retardar a autodescarga (que é o processo de perda de energia da bateria mesmo quando não está sendo utilizada, característica dos íons de lítio).

Mas por que a carga de fábrica é de 70% a 80% e não 100%?

Como não existe tecnologia perfeita, a bateria de íons de lítio perde energia mesmo quando não está sendo utilizada (sim, isso acontece!). Porém, com 70 a 80% de carga, a perda de energia pela bateria é menor do que se a mesma estivesse 100% carregada. Assim, a autodescarga inicial de um celular novo demorará mais tempo para acontecer.

Em resumo, comprou um celular novo? Pode testá-lo e utilizá-lo tranquilamente assim que recebê-lo.

# DEVE-SE ESPERAR O CELULAR DESCARREGAR TOTALMENTE PARA CARREGAR NOVAMENTE?

Como vimos em partes na seção anterior, não há necessidade.

Pelas baterias atuais utilizarem íons de lítio, não há mais necessidade de esperar seu celular descarregar totalmente para ser carregado novamente, uma vez que essa era uma prática para baterias antigas, como forma de evitar que viciassem.

Atualmente, podemos recarregar nossa bateria de celular assim que sentirmos necessidade de efetuar esse processo. Ainda, diferentes especialistas da área de tecnologia sugerem justamente o contrário, ou seja, não deixarmos acabar completamente a bateria de nosso celular para somente então fazermos a recarga.

O ideal é que ela esteja sempre entre 20% a 80% de sua capacidade, como forma de aumentar sua vida útil. Em outras palavras, é aconselhado não deixarmos chegar a 0% de bateria, nem manter 100% carregada.

# CELULAR CARREGANDO POR UM LONGO PERÍODO É PERIGOSO?

Hoje não mais, porém, é importante "ler os sinais".

Os telefones atuais possuem tecnologias internas que os permitem se proteger contra sobrecargas. Em outras palavras, existem atualmente chips específicos dentro do aparelho cujo objetivo é controlar a entrada da corrente, limitando assim a carga de que determinado celular necessita.

Os celulares atuais são programados para deixar de carregar assim que a bateria atinge 100% de carga, dessa forma, mesmo continuando plugados na tomada, não haverá problemas nem para o dispositivo, nem para o carregador (você ciente de que esteja utilizando um carregador original/compatível com o dispositivo).

**IMPORTANTE**

Ao carregar por um longo período de tempo o seu celular, atente-se se o mesmo não esquenta demais. Caso esquente demasiadamente, é provável que esteja com algum problema no controlador de corrente. Se esse for o caso, problemas como bateria estufada, ou até mesmo, explosão da bateria podem ocorrer. Portanto, é preciso "atentar-se aos sinais".

# USAR O CELULAR ENQUANTO ESTÁ CARREGANDO TEM ALGUM PROBLEMA?

Caso o carregador do celular seja original, os riscos de utilização do celular enquanto carrega em situações normais são bem pequenos. Porém, como toda regra possui exceções (e não queremos ser a exceção nesses casos), algumas considerações são necessárias para atenção e cuidado com a nossa própria proteção.

**IMPORTANTE:**

— Verificar se o aparelho não está esquentando demasiadamente durante o carregamento, pois, caso sim, há indícios de problemas;

— Utilizar sempre carregador e cabos originais do aparelho reduz a chance de problemas (boa parte de problemas nesse sentido são ocasionados por equipamentos genéricos, muitas vezes não certificados);

— No caso de trovões, raios ou tempestades, desconectar seu celular da tomada, para evitar que uma descarga elétrica torne inutilizável seu aparelho, e para a sua própria segurança.

### CUIDADOS QUE VOCÊ DEVE CONSIDERAR:

— Procure não tocar no celular em carregamento com as mãos molhadas;

— Evite realizar ligações ou receber chamadas enquanto seu dispositivo é carregado;

— Procure não utilizar extensões ou adaptadores de tomadas para carregar seu celular;

— Não recarregue o seu celular dentro de gavetas ou próximo a produtos inflamáveis;

— Não recarregue o seu celular em ambientes com vapor d`água.

# CELULAR MUITO QUENTE PODE DANIFICAR A BATERIA?

A resposta é **sim**.

Uma das vilãs do celular é a bateria. Procurar formas de mantê-la funcionando sem que apresente problemas e com uma autonomia de carga suficientemente boa para tudo que precisamos realizar em nosso dia a dia chega muitas vezes a ser um desafio.

Mas quais meios podemos utilizar para evitar que a bateria aqueça demais?

## DICA 1: REMOVER A CAPINHA PROTETORA

Sim, por incrível que pareça, a capinha, tão útil em diversas situações, pode ser uma das causas de superaquecimento do celular, uma vez que sua utilização pode obstruir a saída de calor, ocasionando superaquecimento.

Nesses casos, o indicado é tirar a capa do celular enquanto ele carrega, e deixar o celular carregar em um lugar arejado, uma vez que, no processo de carregamento, a corrente elétrica geralmente aumenta a temperatura da bateria. Finalizado o processo de carregamento, coloque a capinha novamente para manter um mínimo de proteção para o celular.

## DICA 2: TENTE EVITAR EXPOR O CELULAR A ALTAS TEMPERATURAS

As baterias de íons de lítio sofrem com altas temperaturas (acima de 30°C). Evitar ambientes em que isso pode ocorrer, torna-se uma boa prática. Entre esses locais estão: o interior de um carro exposto diretamente ao sol, locais próximos ao fogão e churrasqueira, entre outros lugares quentes.

## DICA 3: CARREGADOR ORIGINAL

Quando temos um produto que não foi projetado, e muito menos testado para ser utilizado em nosso telefone, a probabilidade de termos problema com ele aumenta.

Estamos falando dos carregadores.

Carregadores com defeito geralmente podem fazer com que o seu celular esquente.

Celular muito quente é semelhante a "pessoa com febre", sinal que algo não está legal, atente aos sinais, lembre-se disso...

No caso do carregador, este superaquecimento acontece muitas vezes por fios mal soldados, desencapados, o que pode comprometer sua resistência a corrente elétrica, ocasionando riscos de curto-circuito.

A dica de ouro aqui, se não quiser ter problemas com carregador e superaquecimento dos mesmos é sempre bom comprar carregadores originais. É um pouco mais caro? Sim, porém o custo/benefício é infinitamente pagável.

## DICA 4: BATERIA COM DEFEITO?

Talvez sim.

Se todas as dicas acima não foram suficientes para diminuir o superaquecimento e você observa que a bateria continua esquentando acima do normal, não deixe de procurar uma assistência técnica especializada em celulares, a fim de testar e verificar se a bateria e/ou algum componente interno do seu celular está apresentado problemas que levam ao superaquecimento.

Problemas de fábrica, mesmo que não recorrentes, podem acontecer.

# CARREGADORES TURBOS: HÁ ALGUM PROBLEMA EM UTILIZÁ-LOS?

Se original, não!

Os carregadores turbos, como o próprio nome sugere, têm a missão de realizar uma carga da bateria de seu celular de maneira mais rápida que o método tradicional.

Mas, como esses carregadores turbos funcionam?

Também conhecido como *Quick Charge* ("Carga Rápida"), essa tecnologia utilizada nos carregadores turbo faz com que eles gerem uma tensão e corrente elétrica mais altas que o encontrado em carregadores normais.

Veja na tabela a seguir os valores de tensão e corrente aproximados em cada caso.

| CARREGADOR CONVENCIONAL | | CARREGADOR TURBO | |
|---|---|---|---|
| TENSÃO: | 5 V | TENSÃO: | 20 V |
| CORRENTE. | 0,5 a 1A | CORRENTE: | 2 a 3A |

Dessa forma, os carregadores turbos permitem aos seus usuários cerca de 30% da carga da bateria em aproximadamente 20 minutos, o que permite utilizá-la por mais algum tempo (algo útil principalmente em casos de urgência, por exemplo).

Como nem tudo na tecnologia é perfeito, carregadores turbos esquentam mais os celulares, justamente por fornecerem uma carga maior empregada em menos tempo.

Com maior aquecimento, vem a pergunta: terei problemas com a vida útil da bateria do meu celular?

Não necessariamente. Os celulares atuais já vêm com mecanismos para diminuir esses riscos, que são o controle da carga do carregador, evitando assim picos de tensão e temperatura.

### LEMBRANDO SEMPRE:

Utilize produtos eletrônicos — como nesse caso, carregadores —, homologados pela Anatel, para evitar gerar uma tensão maior na saída do dispositivo, expondo a danos tanto a bateria quanto o próprio celular.

# BATERIAS DE CELULAR EXPLODEM?

Não deveriam, mas isso pode ocorrer.

Com várias notícias nas mídias e a propagação de informações constantes de acontecimentos ao redor do mundo, muitas pessoas perguntam: é verdade que a bateria do meu celular pode explodir? Vi uma notícia que a bateria de um celular explodiu no bolso de uma pessoa. Isso pode acontecer!

Mas vamos aos fatos. Conforme vamos aumentando nosso conhecimento sobre celular, sua forma de funcionamento e o que leva aos principais problemas, vamos entendendo como podemos evitá-los!

Não há motivos aqui para uma super preocupação, uma vez que a taxa de celulares que explodem versus a quantidade de celulares sendo utilizados ao redor do mundo é baixa.

Mas não queremos que aconteça conosco, não é mesmo?

Pois bem, grande parte das explosões de baterias é causada pelo superaquecimento. Sabemos que as baterias atuais de íons de lítio não são muito “fãs” de calor (ficarem expostas a altas temperaturas), o que faz com que as mesmas sejam projetadas e testadas (considerando sempre equipamentos homologados pela Anatel) para suportar temperaturas de no máximo 60° C.

Ao passar desse limite de calor, os polos negativos e positivos da bateria podem provocar um curto-circuito, gerando um efeito cascata, que leva os componentes inflamáveis da bateria à combustão.

### QUAIS AS FORMAS DE EVITAR ESSE RISCO?

— Verificar se o celular está com superaquecimento (aquecimento excessivo = problemas);

— Utilizar sempre produtos originais (principalmente no que se refere a carregadores);

— Evitar seu uso ligado na tomada (precaução, não temos controle de uma sobretensão na rede elétrica, por exemplo).

# QUAL A VIDA ÚTIL MÉDIA DE UMA BATERIA DE CELULAR?

Poderia responder essa pergunta com outra: por que os celulares não trazem essa informação de fábrica (simplifiquem nossa vida, caramba)?

Vamos entender como podemos obtê-la: a vida média útil de uma bateria de celular (considerando uma média geral entre os dispositivos) varia de dois a três anos ou de 300 a 500 ciclos.

Mas o que é um ciclo?

Um ciclo é quanto a bateria se descarrega 100%, ou seja, carreguei ela completamente e utilizei até que chegasse a 0%, neste caso, dizemos que a bateria teve um (1) ciclo completo. "Mas se utilizei de 100% carregada até 50% da bateria?" Neste caso, tivemos meio ciclo.

Portanto, um ciclo total corresponde a uma carga de 0 a 100% e sua completa utilização. Partindo dessa ideia, então quanto mais eu puder economizar minha bateria para durar o máximo possível sem ter que recarregá-la, maior será sua vida útil?

Exatamente.

E como fazemos isso?

Aí entram as formas de economizar energia (dicas e truques que você pode aplicar para postergar a duração da bateria de seu dispositivo).

Uma dica simples a que tanto usuários Android, quanto iOS tem acesso, é ativar o modo de economia de bateria que já vem de fábrica (sem a necessidade de instalar aplicativos externos para isso).

No **iOS (iPhone)** essa opção pode ser realizada através da sequência a seguir:

**AJUSTES >> BATERIA >> MODO POUCA ENERGIA**

Com essa opção ativada, o sistema operacional do seu celular reduz temporariamente as atividades em segundo plano (como *downloads* automáticos de e-mails e arquivos).

Já nos celulares com sistema **Android**, para ativar o modo de economia de energia é necessário realizar as seguintes ações:

**CONFIGURAR >> BATERIA >> ECONOMIA DE BATERIA >> ATIVAR**

Dependendo da versão do seu Android, é possível configurar a opção acima para entrar sempre no modo "economia de energia" assim que sua bateria atingir 15% de carga restante, por exemplo.

**IMPORTANTE**

Nos dois casos (celulares Android e iOS), o caminho de configuração pode sofrer alterações, dependendo da versão do sistema operacional, porém, a função está presente em ambos.

## MAIS DICAS DE COMO ECONOMIZAR A BATERIA DO SEU CELULAR

| ANDROID | IOS |
|---|---|
| **DIMINUA O BRILHO E DESATIVE O BRILHO AUTOMÁTICO** | |
| Configurar >> Tela >> Nível de Brilho | Ajustes >> Tela e Brilho |
| **DESATIVE O SISTEMA DE LOCALIZAÇÃO** | |
| Configurar >> Localização >> Desativado | Ajustes >> Privacidade >> Serviços de Localização |
| **IDENTIFIQUE OS APPS QUE MAIS CONSOMEM ENERGIA** | |
| Configurar >> Bateria | Ajustes >> Bateria |
| **QUANDO PUDER, ATIVE O MODO AVIÃO** | |
| Configurar >> Rede e Internet >> Modo Avião | Ajustes >> Modo Avião |
| **MANTENHA SEU CELULAR DISTANTE DO CALOR.** | |
| **EM CASO DE LENTIDÃO, REINICIE SEU CELULAR.** | |
| **USE APLICATIVOS PARA ECONOMIZAR BATERIA.** | |

Lembrando que as dicas acima não se esgotam, e existem bastantes formas de economizar a bateria de celular.

No caso de baixar aplicativos que fazem esse processo para você, basta ir até o repositório oficial de aplicativos de seu celular – para usuários Android, Google Play[10], e para usuários iOS, Apple Store[11] – e fazer uma busca por "bateria". Lá você pode ver os apps disponíveis para essa função, a quantidade de downloads já realizados e, principalmente, a avaliação de outros usuários que já baixaram e testaram o aplicativo.

10 Google Play: https://play.google.com/store/apps?hl=pt_BR&gl=US
11 Apple Store: https://www.apple.com/br/app-store/

# COMO CARREGAR O CELULAR MAIS RAPIDAMENTE?

Outra dúvida recorrente dos usuários é como carregar o celular mais rapidamente (e quem não quer saber?). Apesar de ter dado dicas sobre o assunto em tópicos anteriores, vale a pena aprofundarmos um pouco mais nessa questão.

Vamos partir da ideia do que "se deve fazer" e do que "não se deve fazer".

**O que se deve fazer (sempre que possível):**

## 1 – DESLIGAR SEU CELULAR

A prática de desligar o celular para carregar (nem que seja por alguns minutos) permite carregá-lo mais rápido do que utilizá-lo enquanto carrega, ou ainda, que as atividades em segundo plano (com o celular ligado) atuem, pois fazem com que o tempo de carregamento seja maior.

Portanto, quer acelerar o processo de carregamento da bateria? Comece desligando o seu celular.

## 2 – ATIVAR O MODO AVIÃO

A ideia do modo avião é desativar serviços. Na mesma lógica do item anterior, quanto menos aplicativos em primeiro ou segundo plano consumindo do dispositivo, mais rápido será seu carregamento. Então, se não puder desligar o seu celular no momento do carregamento, ative o modo avião.

## 3 – USAR CABOS E CARREGADORES ORIGINAIS

Sempre o original será melhor que similares que não são originais, e os motivos você já sabe, né? Testes exaustivos para comprovar o seu funcionamento da melhor maneira possível e o certificado das agências reguladoras.

## 4 – CARREGAR SEMPRE QUE POSSÍVEL NA TOMADA

Apesar de parecer lógico, muitas pessoas carregam seus celulares em entradas USB, carregadores sem fio (indução), o que, dependendo da tensão e corrente, pode demorar bem mais do que você precisa para sair utilizando o dispositivo.

## O QUE SE DEVE EVITAR? (RELEMBRANDO... SIM SEREI REPETITIVO)

1 — Carregar a bateria até atingir 100% (até 80% é geralmente o recomendado).
2 — Não deixar a bateria acabar completamente para então recarregar (o ideal mesmo é mantê-la sempre entre 20% e 80% carregada).
3 — Expor o celular ao calor excessivo. Não se esqueça, calor excessivo e água são inimigos do seu celular.

# CATEGORIA: OUVI DIZER

*"O celular aproxima as pessoas que estão longe e afasta as que estão próximas... será?"*

# ARROZ EM CELULAR QUE MOLHOU RESOLVE?

Essa pergunta é muito recorrente e um mito que muita gente já praticou alguma vez na vida. A verdade é que colocar o celular em um recipiente com arroz é um ato mais de desespero de tentar salvar um aparelho que caiu na água, do que qualquer outra coisa.

O arroz poderá absorver apenas a água superficial do dispositivo, porém, o mesmo é ineficaz para sugar a água que entrou internamente (nas partes que acabam sendo danificadas). Sendo assim, sua eficácia é praticamente zero.

Quanto ao procedimento prático recomendado, se seu celular cair na água, piscina, vaso sanitário ou qualquer outra situação onde o mesmo foi mergulhado na água, retire-o, desligue-o imediatamente e leve para uma assistência especializada.

Ao entrar em contato com a água, as partes internas de um celular começam a sofrer corrosão e, nesses casos, não é o arroz que irá salvar o dispositivo (sim, devo lhe informar...). Somente uma assistência técnica é que poderá determinar com precisão se você teve sorte ou azar nesse ocorrido (torceremos para que tenha sorte...).

# CREME DENTAL REMOVE RISCOS NA TELA?

A resposta para essa pergunta é: não (deixemos o creme dental somente para hábitos de higiene bucal mesmo).

Trata-se de um mito que se espalhou por algum tempo, mas que não ajuda em nada nos riscos e demais problemas com a tela. O creme dental, além de não ajudar, pode ainda ser absorvido pelo celular, danificar o LCD ou trazer outras complicações ao seu dispositivo.

Quer realmente proteger sua tela? Coloque uma película de boa qualidade e resistente (faça uma pesquisa sobre as películas voltadas para o seu modelo de celular). Existem inúmeras opções de preços, produtos utilizados na fabricação e testes comparativos na internet que te ajudarão nessa tarefa.

# A PELÍCULA IMPEDE QUE A TELA QUEBRE OU RISQUE?

Aqui temos mais uma boa pergunta. É preciso pontuar algumas questões, considerando o pessoal que presenciou o avanço das tecnologias empregadas na fabricação de celulares (sim, eu já usei um celular "tijolão").

Antigamente os celulares eram bastante resistentes, robustos e uma queda era algo "comum", sem muita preocupação. Atualmente, as empresas fabricantes de celulares têm procurado inovar na fabricação de telas, a fim de que elas protejam contra riscos, arranhões e situações do dia a dia que possam danificar o aparelho.

Porém, o que temos hoje são celulares com *design* diferente, mais leves, finos, com utilização de materiais mais brandos, o que sugere uma proteção adicional (o conjunto capinha e película é sempre sugerido).

Adiciona-se a isso, o fato de que o preço de uma tela de celulares atuais gira em torno de 30% do valor do dispositivo, portanto, trocá-la não é bem o que queremos, não é mesmo?

A sugestão geral recomendada aqui é: use película. O custo-benefício dela pode te livrar de uma "boa" dor de cabeça. Opções de tipos de película não faltam: tem-se no mercado películas PET (plástico), películas de vidro (temperado, 3D, 4D, 5D, 6D, 10D), películas de gel e líquida.

Ficou interessado e quer saber mais sobre o assunto? Acessa o QR Code a seguir, ele vai te ajudar a entender mais sobre esses tipos.

Quanto à aplicação da película, busque sempre um serviço profissional especializado.

Por fim, voltando ao título da pergunta: película impede que a tela do celular quebre ou risque? Sim, ela pode te ajudar bastante nessa tarefa!

# USAR CELULAR COM PELÍCULA DE VIDRO TRINCADA DANIFICA O APARELHO?

Sim, pode danificar mais do que já se encontra.

Cabe ressaltar que, geralmente, o celular continua funcionando mesmo com a tela (película) rachada se o *touch* (correspondente à parte mais sensível ao toque) não tiver sido danificado.

A recomendação aqui é: **não** utilize o celular com a película de vidro trincada, uma vez que pode sim causar mais prejuízos do que simplesmente a substituição do mesmo, devido aos estilhaços de vidro e ao funcionamento do *touch*.

Portanto, a tela rachou? Troca, que no final das contas sai bem mais barato!

# MANTER O CELULAR NO BANHEIRO ENQUANTO TOMA-SE BANHO PODE DANIFICAR O APARELHO?

Essa pergunta é comum, principalmente de pais que veem seus filhos inseparáveis de seus dispositivos. E a pergunta deles faz muito sentido, afinal o dispositivo que fica no banheiro durante o banho pode ser afetado por vapor de água — o vilão nesses casos —, que pode oxidar os componentes (em especial tela e carregamento), e também ocasionar curtos-circuitos (uma vez que há condutividade pela água), e, finalmente, contaminação por bactérias no dispositivo (banheiro).

Aqui vale a máxima

**"TECNOLOGIA E ÁGUA NÃO SÃO MELHORES AMIGOS".**

# CARREGADORES SEM FIO SÃO MAIS EFICIENTES E AO MESMO TEMPO PERIGOSOS?

Primeiramente, é preciso entender que o carregamento sem fio utiliza o princípio da indução para transferência de energia no carregamento da bateria. Dessa forma, basta aproximar o dispositivo próximo da base da indução para que o processo de recarga comece a acontecer.

Nesses tipos de carregadores, temos basicamente uma bobina (composta de fios de cobre, sobrepostas por materiais isolantes) que gera campos eletromagnéticos ao seu redor (através da corrente elétrica que a alimenta).

Assim, celulares compatíveis com essa tecnologia possuem em seu interior bobinas receptoras que, quando próximas do carregador sem fio ligado, criam corrente elétrica.

## IMPORTANTE

### — QUANTO À EFICIÊNCIA:

Carregadores normais (com fio, ligados na tomada, de maior potência) são, em sua grande maioria, mais rápidos e eficientes para carregar o celular em menos tempo, se comparados com os sistemas de carregamento por indução (sem fio).

## — QUAIS CELULARES PODEM SER CARREGADOS POR INDUÇÃO?

Somente aqueles que possuem a tecnologia embutida de fábrica.

## — EXISTE PERIGO NO CARREGAMENTO POR INDUÇÃO?

Não, uma vez que o celular precisa estar sobre a base de carregamento e o campo magnético gerado se restringe a uma faixa bastante próxima ao aparelho, não existem riscos à saúde gerados por esse tipo de funcionamento, nem de choques elétricos.

# DEIXAR O CARREGADOR PLUGADO NA TOMADA, SEM UTILIZAR, PODE DANIFICAR O MESMO?

Sabemos que a praticidade em deixar o carregador na tomada, sempre no mesmo lugar, pode facilitar a busca pelo mesmo (sim, já fiz isso com frequência...), porém, essa prática pode reduzir consideravelmente a vida útil de um carregador, uma vez que ele pode ser afetado pelas oscilações da rede elétrica (corrente alternada), principalmente em casos de sobretensão (picos na rede) ou queda de luz.

Diferentemente de outros dispositivos presentes em nossa casa, como geladeira, TV, micro-ondas, etc, que foram projetados para suportarem a rede elétrica e suas alternâncias 24 horas por dia, os carregadores são projetados para ficarem na tomada o tempo necessário apenas para carregar a bateria do celular.

E aqui, novamente, destaco a importância de utilizar carregadores homologados, que passam por testes exaustivos em situações extremas; testes que deixam o aparelho ligado na tomada próximo a um mês, sem poder emitir choques elétricos, nem entrar em curto-circuito.

**A DICA DE OURO É SIMPLES :**

Terminou de carregar seu celular? Desligue-o da tomada e guarde seu carregador em um local próprio (gaveta ou caixa dos carregadores, por exemplo).

# CARREGAR O APARELHO COM O CABO CONECTADO NA PORTA USB DE UM NOTEBOOK DEMORA MAIS?

Sim.

As portas USB dos dispositivos (computador, *notebook*, *home theater*, caixa de som, rádio) suportam correntes elétricas menores que a dos carregadores, o que faz com que a carga demore bem mais tempo do que se fosse carregada com o carregador adequado.

Conectar o celular em portas USB de *notebook*, computador ou reprodutor de MP3 para uma recarga emergencial, eventualmente, não oferece nenhum risco, apenas vai ser demorado. Mas, atenção! Você só pode ligar em computador, *notebook* e dispositivos onde se pode colocar um *pendrive* para ouvir músicas.

Existem dispositivos que têm a porta USB com a função *Power Delivery*, em que a tensão fornecida pode ser quatro vezes maior do que o celular suporta, semelhante ao que ocorre com os carregadores de carga rápida.

Carregadores de *Chromebooks* utilizam cabos USB que não podem ser utilizados nos celulares, por fornecerem tensões e correntes bem superiores àquela que o celular suporta. Conectar o celular nesses dispositivos pode queimá-lo, causar superaquecimento ou até explosão.

**A DICA AQUI É:**

Procure sempre utilizar o carregador original do produto (conforme elucidado em outras dicas) e carregue o mesmo diretamente na tomada, simples assim.

# APARELHO EM LUGARES MUITO FRIOS OU QUENTES AFETA A BATERIA?

Sim — e temos uma explicação bem interessante para isso.

Como foi respondido em algumas perguntas anteriores sobre bateria, as mesmas compõem-se de íons de lítio, o que lhes confere um poder de carregamento mais rápido e quantidade maior de energia. Porém, elas são mais sensíveis à exposição em temperaturas extremas (para calor ou frio), sendo o calor seu maior vilão.

No caso de altas temperaturas, as baterias de íons de lítio podem sofrer danos em suas estruturas internas, o que, em casos mais problemáticos, há riscos de explosão e/ou princípio de incêndio nas mesmas.

Quanto à exposição das baterias a baixas temperaturas, pode ser prejudicial ao funcionamento dos circuitos elétricos presentes em seu interior, causando, em casos extremos, oxidação e falhas diversas.

### PORTANTO, A DICA AQUI É:

Utilizar o seu dispositivo sempre em condições normais. Expor o mesmo a extremos de temperatura não é boa prática para uma vida longa.

# ATUALIZAÇÕES DO SISTEMA DIMINUEM O TEMPO DE VIDA DA BATERIA DE MEU CELULAR?

Não, pelo contrário.

O propósito das atualizações, principalmente dos sistemas operacionais dos dispositivos (seja Android ou iOS) visam corrigir possíveis problemas identificados, falhas e melhorar determinadas funções do dispositivo.

Inclusive, os fabricantes buscam, através das atualizações, sugerirem uma melhor performance também da bateria, como são os casos das opções de economia de energia, modo noturno, modo avião, entre outras diferentes necessidades dos usuários que vão surgindo e sendo implementadas através das atualizações ou novas versões do sistema operacional.

Portanto, as atualizações visam, em geral, melhorar o dispositivo como um todo e não o contrário.

# CATEGORIA: DICAS

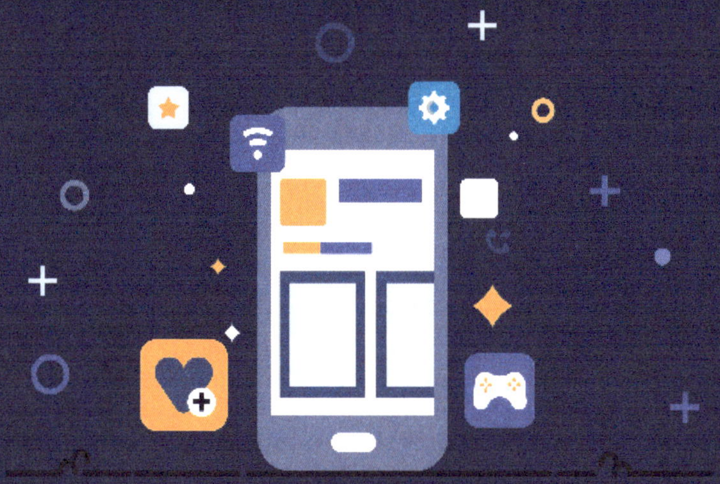

*"Dica para dormir cedo: não tenha celular com internet..."*[12]

12 https://www.pensador.com/frase/MTY2NTY4NQ/

# GRAVAR A TELA DO SEU CELULAR — SIMPLES E RÁPIDO

Uma tarefa cada vez mais frequente é criar pequenos vídeos gravando a tela do celular, seja para demonstrar uma ferramenta ou ensinar um familiar a utilizar determinado aplicativo.

E como eu faço isso?

No **iPhone (iOS)** tem uma função nativa para realizar esse procedimento:

**AJUSTES >> CENTRAL DE CONTROLE >> PERSONALIZAR CONTROLES >> GRAVAÇÃO DE TELA**

A partir daí, basta seguir as informações presentes na tela, para iniciar e pausar uma gravação.

Os vídeos criados ficam automaticamente armazenados no álbum de fotos do dispositivo.

E para dispositivos **Android**?

Grande parte dos celulares com sistema operacional Android não possui funções nativas para realizar tal procedimento (exceto, versões mais recentes). Nesse caso, o ideal é instalar aplicativos do repositório oficial (Google Play) para realizar a gravação de tela.

Aqui a indicação são os aplicativos: AZ Screen Recorder e Mobizen Gravador de Tela (apps mais utilizados).

# COMPARTILHAR INTERNET (CELULAR ROTEADOR)

Em situações nas quais existe a necessidade de compartilhar sua internet (necessário que você tenha um plano de dados 3G ou 4G ativo) para outras pessoas a sua volta, seu celular pode se transformar em um roteador Wi-Fi.

E como faço isso?

Simples. Tanto celulares iOS quanto Android possuem essa função nativa.

Em celulares **iOS**, basta acessar o caminho:

**AJUSTES >> ACESSO PESSOAL >> "ATIVE A FUNÇÃO"**

Após ativar a função, você pode configurar uma senha para acesso à sua rede criada.

Em celulares **Android**, o caminho é:

**CONFIGURAÇÕES >> "ABA MAIS" >> "MODEM E ROTEADOR PORTÁTIL" >> "ROTEADOR WI-FI"**

Clicando em "Configurar Ponto de Acesso Wi-Fi", você pode criar uma senha de acesso à sua rede (semelhante à função anterior).

Lembrando que os caminhos para configuração acima indicados podem variar dependendo da versão do sistema operacional instalado em seu dispositivo.

Feito isso, os amigos que dependem do seu roteador agradecerão!

# COMO TIRAR FOTOS ENQUANTO SE GRAVA UM VÍDEO?

Dica simples e fácil.

Já aconteceu de você estar gravando um vídeo e pensou em tirar uma foto de determinada cena? Pois é, isto é possível e fácil de ser executado.

Basta iniciar o processo de gravação de vídeo na câmera de seu dispositivo e clicar no botão que aparece ao lado do botão de gravação (geralmente tem um botão secundário tanto em dispositivos Android quanto iOS específicos para tal função), para que o cenário atual que está sendo gravado seja capturado através de uma foto.

Esse processo não interrompe a sua gravação atual e, ao final da gravação do vídeo, tanto o vídeo em si, quanto as imagens nas quais você clicou na tela, estarão em sua galeria de imagens.

# LIBERAR ESPAÇO NO CELULAR

Quem nunca ficou sem espaço no celular naquele momento que mais precisava?

Pois é, a quantidade de apps instalados, os arquivos de áudio, vídeo e as imagens recebidas, somados à quantidade de informações que temos armazenadas em nossos dispositivos, fazem com que nem sempre tenhamos espaço para tudo.

A boa notícia é que existem diversas soluções que podem amenizar ou resolver o problema de espaço disponível.

Vamos para as dicas!

## 1 – SABER O QUE MAIS ESTÁ CONSUMINDO ESPAÇO NO CELULAR

Celulares Android e iOS possuem formas nativas que permitem ao usuário saber quais são as aplicações que mais estão consumindo espaço.

Para acessar essa opção no **iPhone**, basta acessar o caminho:

**AJUSTES >> GERAL >> ARMAZENAMENTO DO IPHONE**

Em celulares **Android**, esse caminho geralmente se encontra em:

**CONFIGURAÇÕES >> ARMAZENAMENTO >> "ARMAZENAMENTO DO DISPOSITIVO OU ARMAZENAMENTO INTERNO"**

Acessando as informações acima, já conheceremos quais são os "vilões" do consumo de armazenamento em nosso dispositivo.

## 2 – DESINSTALE APLICATIVOS QUE VOCÊ NÃO USA

Dica que serve para qualquer dispositivo.

Como hoje existe uma mídia grande nos aplicativos e a instalação e utilização dos mesmos se dá de forma simples e fácil, geralmente instalamos aplicativos com maior frequência.

O que acontece é que muitos deles ocupam um bom espaço de armazenamento que pode fazer falta.

**A DICA AQUI É:** verifique com frequência aplicativos que não esteja utilizando e os apague.

## 3 – FAÇA *BACKUP* ANTES, EXCLUA DEPOIS

Sem medo de errar, imagens e vídeos correspondem à boa parte do armazenamento cheio de nossos dispositivos.

Solução? Fazer *backup* no Google Fotos ou soluções na nuvem, como o Google Drive ou Dropbox e, posteriormente, apagar esses arquivos do celular.

Esse procedimento vai te ajudar a liberar uma boa fatia de espaço de armazenamento e lhe ajudará em eventuais problemas com o dispositivo.

Isso sem dizer que os celulares atuais já trazem mecanismos de sincronização (backup automático) para facilitar nossa vida.

## 4 – REMOVA AS MÍDIAS DO WHATSAPP

Outra dica simples, mas que muitas vezes esquecemos, é limpar as mídias que recebemos em nosso WhatsApp.

Como geralmente são diversos os grupos, arquivos recebidos/enviados, e trata-se de uma ferramenta de uso geral, limpar frequentemente as mídias que não precisaremos mais se tornou fundamental na questão de espaço de armazenamento.

## 5 – LIMPAR O *CACHE* DO NAVEGADOR

Seja através do Google Chrome, Safari ou Firefox, por exemplo, quando acessamos um site na internet através de nosso celular, boa parte dos dados ficam numa região denominada cache. Trata-se de um espaço de memória que contém os dados mais acessados pelo usuário, como forma de agilizar seus próximos acessos.

Porém, essa facilidade também ocupa espaço de armazenamento, então limpá-lo de tempos em tempos pode ajudar a liberar espaço. Cada navegador (Google Chrome, Safari, Opera) possui um cache associado que, através de suas configurações, pode ser apagada a qualquer momento.

## DICA EXTRA PARA USUÁRIOS ANDROID: USAR UM CARTÃO MICROSD

Usuários Android podem ainda comprar e adicionar ao seu dispositivo um cartão do tipo MicroSD (ou cartão de memória de diferentes tamanhos). Trata-se de um novo espaço de armazenamento externo (mas inserido no dispositivo) que poderá ajudar no espaço de armazenamento de seu celular. Dessa forma, pode-se mover para o cartão de memória, fotos, vídeos, documentos e deixar para o armazenamento interno do celular somente os recursos essenciais.

O custo/benefício dessa prática ajuda bastante, principalmente no armazenamento, porém, não dispensa a realização de backups, uma vez que, em caso de perda do celular, seus dados estão todos no mesmo dispositivo.

# É POSSÍVEL RECUPERAR UM VÍDEO OU IMAGEM APAGADOS?

Sim, mas esse processo não tem garantia. Vou explicar!

Uma imagem ou vídeo, quando apagados de nossos celulares, vão para uma "lixeira virtual", onde podemos restaurá-los novamente para poder utilizar. Caso esses arquivos (imagens, vídeos, etc.) não se encontrem mais na "lixeira" do celular, a alternativa é buscá-los em backups anteriores que tenhamos realizado.

Hoje em dia, inúmeras são as opções de *backup*, como o Google Drive e Dropbox, alternativas na nuvem. "Mas e se eu não encontrei esses arquivos nos backups que fiz anteriormente?" Aí a última opção é recorrer a programas que possam restaurar arquivos apagados de nosso celular. Para isso temos várias opções.

Alguns dos aplicativos que realizam esse trabalho nos sistemas Android são:

— DISKDIGGER;
— DIGDEEP IMAGE RECOVERY;
— UNDELETER RECUPERAÇÃO DE DADOS.

Para iPhones (iOS) não existem aplicativos que fazem esse trabalho de recuperação de arquivos nativos. Os itens apagados no "Álbum de Fotos" ficam na pasta "Apagados" por 30 dias, sendo possível restaurá-los a qualquer momento.

Uma alternativa, para tentar "resgatar" arquivos que não se encontram mais no dispositivo e nem em backups anteriores é instalar o software *EraseUS Mobi Saver* (em um computador Windows ou Mac), conectar o celular via cabo USB ao computador e então seguir os passos presentes no software para que o processo de varredura de arquivos seja executado.

**IMPORTANTE**

Parte 1: as dicas acima são uma tentativa de recuperação de arquivos que não se encontram na lixeira, nem em backups externos realizados pelo usuário, mas não há garantias de que determinados arquivos serão encontrados; todavia é sim uma última alternativa de buscar aquele arquivo que não se encontra mais no dispositivo.

**IMPORTANTE**

Parte 2: quando um arquivo é apagado, o espaço que era ocupado pelo mesmo fica marcado como disponível, porém, os dados continuam lá. Se não houve gravação sobre essa área, esse arquivo pode ser recuperado. Porém, se você instalar um aplicativo para tentar recuperar um arquivo apagado, provavelmente ele será gravado sobre a área anteriormente ocupada pelo arquivo que foi apagado. Portanto, se você acredita que precisará dessa função no futuro (recuperação de arquivos apagados), instale e mantenha instalado esse aplicativo (os aplicativos para essa função, citados nesta seção, são uma boa dica).

# COMO TER ACESSO ÀS SENHAS SALVAS NO CELULAR?

Um recurso bastante útil é a possibilidade de recuperar as senhas salvas em nosso telefone celular. Como os mesmos já contam com recursos prontos para isso, basta sabermos os lugares onde estão essas informações.

Em celulares com o sistema **iOS** (iPhones), o caminho é:

AJUSTES >> SENHAS

Realizado o caminho acima, para ver uma senha salva, basta selecionar um site que aparecerá em sua listagem.

Para celulares com sistema operacional **Android**, basta realizar o seguinte caminho:

ABRA O GOOGLE CHROME DO SEU CELULAR >> CLIQUE NOS TRÊS PONTOS LOCALIZADOS NO MENU SUPERIOR DIREITO >>SELECIONE A OPÇÃO "CONFIGURAÇÕES" >> "SALVAR SENHAS"

Desse modo serão exibidas na tela todos os logins cadastrados/efetuados no celular.

**DICA:** O Google faz o gerenciamento de todas as senhas salvas vinculadas a uma conta. Através do endereço:

HTTPS://PASSWORDS.GOOGLE.COM

Você pode gerenciar, editar e excluir senhas a qualquer momento.

Outra dica importante é sempre habilitar na sua conta Google a verificação em duas etapas, para aumentar sua segurança na web.

Lembrando que os locais acima indicados podem sofrer alterações conforme atualizações dos sistemas operacionais de cada celular, bem como, dos aplicativos em questão.

# COMO DESATIVAR O CORRETOR AUTOMÁTICO DO CELULAR?

Creio que você já passou pela situação de querer digitar uma coisa e o corretor automático sugerir outra, não é? Ou ainda, substituir uma palavra que você estava digitando por outra que você só viu depois que a mensagem tinha sido enviada...

Fique tranquilo que você não é o único a passar por isso.

Por padrão, os teclados dos celulares vêm com a opção do corretor automático de texto ativada, como forma de ajudar os usuários a criarem suas frases de uma forma mais rápida, mas podemos desabilitar tal função, a qualquer momento, seguindo os seguintes passos:

Nos **iPhones (iOS)** basta seguir a sequência:

**AJUSTES >> GERAL >> TECLADO >> "DESATIVAR A OPÇÃO CORREÇÃO AUTOMÁTICA"**

Em dispositivos Android, a sequência para tal função é:

**AJUSTES OU CONFIGURAR >> "IDIOMA E TECLADO" >> "CORREÇÃO AUTOMÁTICA" >> VERIFIQUE OS IDIOMAS E CERTIFIQUE-SE QUE AS OPÇÕES ESTEJAM DESATIVADAS.**

**IMPORTANTE**

Ao desativar a opção de correção automática (que pode ser reativada a qualquer momento pelo usuário), o sistema não irá “revisar” as palavras digitadas.

# APARELHOS À PROVA D'ÁGUA, POSSO CONFIAR?

A dica aqui é: algumas categorias de *smartphones* são resistentes à água e não à prova d´água — e isso tem uma grande diferença.

Celulares popularmente comercializados com a classificação IP67[13] e IP68[14] são os que possuem o mais alto nível de proteção à poeira e à agua, porém, mesmo com essa classificação máxima de proteção, existem limites tanto de profundidade, quanto de tempo de exposição à água que precisam ser respeitados, ou, conforme alguns fabricantes descrevem, evitados.

De forma resumida para um bom entendimento, a sigla IP vem acompanhada de dois numerais. O primeiro informa a resistência do aparelho à poeira e vai de 0 a 6. Já o segundo, informa a resistência à água e vai de 0 a 8. Dessa forma, quanto maiores esses números associados à sigla, melhor será a proteção contra poeira e água nos aparelhos.

**DICA**: Em geral, dadas as informações técnicas dos fabricantes, os aparelhos com maior grau de proteção IP aguentam cerca de 30 minutos com imersão de até um metro de profundidade (considerando um cenário de água doce). Mas é sempre bom lembrar: tecnologia e água não são muito amigas...

---

13 IP67: protegido contra poeira e resistente a um mergulho na água de até 1 metro de profundidade, por 30 minutos.

14 IP68: protegido contra poeira e resistente a um mergulho na água de forma contínua, em geral até 3 metros de profundidade.

# É POSSÍVEL DESATIVAR MENSAGENS PUBLICITÁRIAS NO CELULAR?

É bem provável que você já tenha recebido uma ou várias mensagens publicitárias em seu celular (sim, eu sei bem como é isto!)

A pergunta é: tem como pedir o cancelamento dessa lista ou deixar de receber os anúncios de maneira fácil? Não só tem, como as operadoras devem fazer isso caso o cliente solicite.

Aqui temos duas considerações importantes:

— A primeira é que as operadoras só podem enviar mensagens publicitárias com o consentimento do consumidor.

— A segunda é que, ao assinar um contrato de telefonia, os mesmos devem deixar claro em suas cláusulas se o cliente permite ou não receber mensagens de suas promoções.

Voltando ao tema central da pergunta, caso você receba mensagens publicitárias de sua operadora e deseja parar de recebê-las, basta enviar um SMS com a palavra SAIR, para o número abaixo (correspondente de sua operadora):

| | |
|---|---|
| CLARO | 888 |
| OI | 55555 |
| TIM | 4112 |
| VIVO | 457 |

Feito o procedimento acima, o cancelamento deve ocorrer em até 24 horas.

**OBSERVAÇÃO:** O procedimento acima não se aplica a mensagens informativas, como dados de créditos ou pagamentos de faturas dessa operadora. Vale lembrar ainda que mensagens de terceiros (ou seja, que não são da operadora) também se excetuam da regra acima, portanto, fique ligado.

# MODO CONVIDADO (EMPRESTAR SEU CELULAR)

Já aconteceu de você precisar emprestar o seu celular, seja para um filho ou qualquer pessoa que precise utilizar seu celular, mesmo por alguns minutos?

Existe uma função que pode te ajudar a não perder dados, nem dar permissões a mais daquela que você pretende.

Tanto celulares com sistema iOS como Android possuem funções nativas para esse "uso compartilhado", ou empréstimo.

No Android, essa função se chama "Modo Convidado" e pode ser acessada, na maioria dos casos, através do caminho:

**CONFIGURAÇÕES >> USUÁRIOS E CONTAS >> USUÁRIOS >> CONVIDADO**

(Lembrando sempre que esse caminho pode mudar conforme a versão do seu dispositivo, porém, sabemos que o mesmo existe.)

Em celulares com sistema iOS, o nome do serviço é "Acesso Guiado", e pode ser feito através do seguinte caminho:

**AJUSTES >> GERAL >> ACESSIBILIDADE >> ACESSO GUIADO**

O objetivo desse procedimento é um só: emprestar o celular sem perder suas informações e nem permitir acesso a aplicativos que você não queira.

Para um passo a passo visual detalhado sobre esse procedimento, sugiro a leitura do link presente no QR Code a seguir.

# CATEGORIA: SEGURANÇA

*"Segurança é um investimento, lucra quem tem consciência!"*[15]

15 https://www.pensador.com/frase/MjA0MDA5Ng/

# SENHAS: USE-AS SEM MODERAÇÃO

A utilização de senhas em celulares se tornou praticamente um padrão, e utilizá-las nos tempos atuais é uma recomendação mais do que sensata.

Mas, o que devo proteger com senha em meu celular?

Primeiramente, o acesso a seu dispositivo.

Celulares com sistema Android permitem alguns tipos de bloqueios padrões, tais como:

— **PADRÃO DE DESENHO:** consiste em um desenho padrão simples definido pelo usuário para desbloquear a tela.
— **PIN:** permite digitar números para desbloquear o celular.
— **SENHA:** composta de letras e/ou números.

Existem ainda outros tipos de bloqueios, mas que não estão disponíveis para todos os celulares com sistema Android, que são:

— **SMART LOCK:** permite desbloquear o celular em determinadas situações, como por exemplo, quando você está em casa.
— **DESBLOQUEIO POR BIOMETRIA:** o desbloqueio é feito através do cadastro de sua impressão digital, ou ainda, através do reconhecimento facial.

Um passo a passo dessas opções pode ser acessado através do QR Code a seguir:

Para celulares com sistema iOS (iPhone), as opções de senha no celular são basicamente três:

— **CÓDIGO:** senha numérica ou alfanumérica digitada pelo usuário.

– ***TOUCH ID:*** impressão digital do usuário cadastrada no aparelho.

– ***FACE ID:*** imagem do rosto para desbloquear o dispositivo.

Lembrando que a opção de senha por código está disponível em todos os dispositivos com iOS, porém as opções de *Touch ID* e *Face ID* em modelos específicos.

Para um passo a passo de como configurar cada uma dessas opções em seu iPhone, basta acessar o QR Code a seguir:

**IMPORTANTE:**

É altamente recomendado que, se até esse momento você não utiliza algum tipo de senha para desbloquear o seu celular, analise as opções anteriormente mostradas e veja qual está disponível para seu dispositivo, habilitando a opção de sua preferência, a fim de estabelecer uma segurança inicial para o seu celular.

# PROTEJA SUAS CONTAS DO GOOGLE E ICLOUD

Aqui vão duas considerações importantes:

1 — Se você utiliza um celular com sistema Android, o mesmo está vinculado a uma conta do Google.

2 — Já se você utiliza um iPhone, o seu celular estará vinculado a uma conta Apple.

Mas por que isso é importante?

Basicamente tudo que você salva fora do seu dispositivo (nuvem) precisará da autenticação pelo seu ID[16] (seja Google ou Apple). Dessa forma, se uma pessoa externa (atacante) tiver acesso a seu ID e senha desses serviços, ela terá acesso a tudo que você salvou lá, como por exemplo, fotos, vídeos, PDFs, entre outros.

Assim como a proteção em duas etapas (aplicada a aplicativos como WhatsApp e Telegram) adicionam uma camada de proteção a esses, o mesmo ocorre quando habilitamos essa opção em contas vinculadas a nosso dispositivo.

Para habilitar essa função no Android, basta acessar o seguinte caminho: https://myaccount.google.com/security (se preferir, leia o QR Code a seguir).

16 ID é a sigla para identity, palavra da língua inglesa que significa "identidade". No contexto da internet, o ID faz referência à identidade que cada usuário cria nos diferentes dispositivos e/ou sites.

Depois clique em "Verificação em duas etapas" e clique posteriormente em "Primeiros Passos".

A partir deste caminho, siga as instruções que vão sendo solicitadas na tela até a efetivação final do procedimento.

Em celulares iPhone, o caminho para habilitar a verificação em duas etapas do seu celular será:

**AJUSTES >> "APPLE ID" (ONDE TEM O NOME CADASTRADO NO CELULAR) >> "SENHA E SEGURANÇA" >>ATIVE A OPÇÃO "AUTENTICAÇÃO EM DUAS ETAPAS" >> ADICIONE O SEU NÚMERO DE CELULAR AOS "CELULARES CONFIÁVEIS"**

Realizado o procedimento acima, tanto celulares Android quanto iPhone terão habilitado uma camada adicional de segurança para seu dispositivo.

# CUIDADO COM OS APPS QUE VOCÊ INSTALA!

A dica de ouro aqui é: instale sempre aplicativos de repositórios oficiais.

— Usuários Android têm à sua disposição o Google Play.
— Utilizadores de iPhone possuem a Apple Store.

O que essas duas plataformas acima possuem em comum? O fato de os aplicativos que ali estão serem mais confiáveis.

No caso do Android, por exemplo, por ser um sistema mais utilizado e de código livre, diversos aplicativos são desenvolvidos diariamente. Ao baixar um aplicativo que não está na loja oficial (terceiros), existe uma chance maior de vir acompanhado de programas espiões, softwares maliciosos, entre outros. Tal prática se torna um risco desnecessário para o usuário, uma vez que os repositórios oficiais procuram incessantemente por falhas, vírus, entre outros problemas, com a intenção de resolvê-los e propiciar uma melhor experiência aos usuários.

Nos iPhones a segurança é maior, devido ao fato de não ser permitido baixar e instalar aplicativos que não sejam do repositório oficial (Apple Store), o que confere uma chance menor de problemas com aplicativos.

**DICA:** prefira sempre o uso de aplicativos oficiais (do que acesso via navegador) para lojas, bancos e outros serviços que você precisa utilizar. Esses já passaram pelas etapas de projeto, desenvolvimento, testes, correções, as quais conferem ao usuário maior segurança em suas atividades.

# MANTENHA O SISTEMA OPERACIONAL DO CELULAR ATUALIZADO

Quando nos referimos à segurança do seu dispositivo, uma boa prática é manter o mesmo sempre atualizado.

Qual a vantagem disso? Várias...

As atualizações do sistema operacional do celular trazem vários benefícios ao aparelho, como por exemplo, correção de bugs (erros) e problemas de lentidão (que podem ser resolvidos pela correção de algum aplicativo nativo ou software que esteja apresentando problemas), e melhora na performance da bateria. Logicamente, também os problemas de segurança do sistema são corrigidos e disponíveis aos usuários através de atualização do sistema operacional.

Deu para perceber a importância de manter o sistema do celular atualizado, né?!

Pois bem, e como verifico se meu celular está atualizado? Vamos lá!

Nos sistemas Android o caminho é:

**CONFIGURAR >> SISTEMA >> AVANÇADO >> ATUALIZAÇÃO DO SISTEMA**

Ao realizar o caminho acima, você verá o status de atualização de seu dispositivo, basta seguir as etapas exibidas na tela.

Nos iPhones, o caminho para checagem da atualização do sistema está presente em:

**AJUSTES >> GERAL >> ATUALIZAÇÃO DE SOFTWARE**

Da mesma forma que a recomendação acima, a partir do caminho citado, basta seguir as informações exibidas na tela para iniciar/concluir a atualização.

Nos dois sistemas acima (Android e iOS) existem algumas opções que podem ser personalizadas, como a atualização automática, por exemplo.

# HABILITE A SEGURANÇA NO WHATSAPP E TELEGRAM

Aí estão os dois comunicadores pessoais mais utilizados na troca de mensagens atualmente.

Quem de nós nunca usou o WhatsApp ou Telegram? Eles resolvem problemas, aproximam pessoas distantes, são um facilitador diário de nossa rotina.

Porém, a ascensão desses aplicativos despertou o interesse de realização de crimes virtuais e acesso indevido. E aí vem a pergunta: como se proteger?

O aplicativo WhatsApp grava as conversas apenas no celular do usuário e elas podem posteriormente serem salvas em um serviço na nuvem, como o Google Drive ou o iCloud.

Desabilitar o *backup* das conversas do WhatsApp impede ao usuário de acessar esse histórico em outro dispositivo, caso venha a trocar de aparelho.

Solução: ativação da autenticação em duas etapas.

Para realizar este procedimento, é simples:

**ABRA O APLICATIVO WHATSAPP >> MENU CONFIGURAÇÕES DO WHATSAPP >> "CONTA" >> "CONFIRMAÇÃO EM DUAS ETAPAS" >> CRIE UMA SENHA E INFORME UM E-MAIL DE SEGURANÇA**

Realizado o procedimento acima, caso uma clonagem de WhatsApp seja realizada em um outro dispositivo diferente do seu, o acesso ao mesmo não será permitindo sem a digitação da senha definida pelo usuário.

E no Telegram, como faço?

O aplicativo Telegram possui algumas características diferentes do WhatsApp, como por exemplo, suas conversas ficam gravadas em um servidor na nuvem e não no aplicativo do usuário.

Ainda, o Telegram possui mais recursos nativos de segurança, pelos quais o usuário pode definir o que pode ser realizado, como por exemplo, a opção "Chat Secreto", que, uma vez habilitada, não grava as conversas no servidor (não podendo ser recuperadas posteriormente).

Da mesma forma que no WhatsApp, é fortemente recomendável a utilização da autenticação em dois fatores, para adicionar uma camada de proteção efetiva ao aplicativo.

Para realizar esse procedimento basta executar as ações a seguir:

**COM O TELEGRAM ABERTO, CLIQUE EM "CONFIGURAÇÕES" >> "PRIVACIDADE E SEGURANÇA" >> "AUTENTICAÇÃO EM DUAS ETAPAS" >> DEFINA UMA SENHA E SIGA AS INSTRUÇÕES DA TELA.**

Diferenças: no WhatsApp, a senha a ser definida contempla um conjunto de seis números, enquanto no Telegram essa senha pode ser letras, números e caracteres especiais.

**DICA – PARTE 1:** muito cuidado com mensagens SMS que enviam códigos de verificação. Nunca envie esses códigos para ninguém, pois com esse código é possível acessar o WhatsApp e o Telegram em outro dispositivo e essa é uma das formas mais utilizadas pelos golpistas para clonagem.

**DICA – PARTE 2:** o próprio WhastApp em sua página de perguntas e respostas[17] reforça as dicas de segurança para manter sua conta segura, que são:

— Definir uma senha de acesso para o seu celular;

— Sempre ativar a confirmação em duas etapas e fornecer um e-mail confiável de sua utilização, para que você possa redefinir a senha, em caso de necessidade;

— Nunca compartilhar o código PIN da confirmação em duas etapas com ninguém.

Para sua segurança e de seus amigos e familiares, compartilhe essas informações de proteção do WhatsApp e do Telegram. Além de rápido e prático de realizar, pode evitar uma série de problemas futuros.

17 Vide: https://faq.whatsapp.com/general/security-and-privacy/account-security-tips/?lang=pt_br.

# PROTEÇÃO ANTIVÍRUS PARA O CELULAR É REALMENTE NECESSÁRIA?

Aí está um tema de bastante debate.

Alguns especialistas dizem que não há necessidade de instalar um aplicativo antivírus no celular, uma vez que as atualizações dos sistemas operacionais, bem como o constante monitoramento dos repositórios oficiais por seus mantenedores (Google Play e Apple Store), garantem, por si só, que nossos celulares estejam protegidos ao baixar aplicativos e outras coisas — sem contar que o sistema operacional de nossos celulares já prevê questões de segurança embutidas no próprio código.

Outro ponto abordado por quem não defende a utilização de softwares antivírus é que a eficácia dos mesmos na detecção e eliminação de vírus, em diversos casos, é bastante baixa, ou seja, não teria grande utilidade instalar.

Por outro lado, outros especialistas defendem o uso de aplicativos antivírus, no caso de usuários que não se preocupam muito com a segurança, ou seja, clicam em links que aparecem, instalam aplicativos fora dos repositórios oficiais, dão permissões a serviços sem se preocupar com o que de fato será compartilhado, entre outros. Para esses, é recomendada a utilização de algum mecanismo de monitoramento e segurança, que em outras palavras fará isso pelo usuário.

De qualquer forma, aqui vão algumas dicas de proteção, para manter seu celular seguro, instalando ou não um aplicativo antivírus:

— Mantenha as atualizações do sistema operacional de seu dispositivo sempre em dia;

— Evite a qualquer custo o download de aplicativos que não seja do repositório oficial;

— Não abra e-mails desconhecidos e, se por ventura abri--los, não clique em nenhum link presente em seu conteúdo;

— Não clique em propagandas;

— Somente deixe instalado aplicativos que realmente utiliza;

— Mantenha seu celular com bloqueio de tela.

Essas práticas acima são sempre úteis para qualquer celular e usuários de todas as idades.

**LEMBRE-SE:** a segurança de qualquer sistema passa primeiramente pelo usuário, quanto mais ele entende o que leva a pegar um vírus em seu celular, maior será a sua atenção e menores serão os riscos que estará correndo.

# O CELULAR ESTÁ ESTRANHO, SERÁ QUE É VÍRUS?

Continuando a pergunta anterior, existem algumas evidências que podem fortemente sugerir a presença de vírus no celular, como por exemplo:

— Lentidão;
— Consumo exacerbado de bateria;
— Celular desliga sozinho;
— Aplicativos fecham inesperadamente;
— Notificações de publicidade em excesso;
— Aplicativos que você não lembra de ter instalado;
— Aplicativos pedindo seus dados de maneira constante.

Nesses casos, a utilização de *softwares* antivírus são uma boa prática, primeiro para que você faça uma varredura em todo o celular e se certifique de que o mesmo está livre de vírus.

E quais aplicativos antivírus são melhores? Aqui vai mais uma dica!

O site AVTeste (*The Independent IT-Security Institute*) realiza testes independentes e mantém atualizada uma tabela contendo os antivírus melhores avaliados quanto à proteção, ao desempenho e à usabilidade.

Para conferir sempre essa tabela atualizada, basta acessar o QR Code a seguir:

Acesse, informe-se e instale.

# IMEI — O QUE É E COMO SABER O MEU?

O IMEI [*International Mobile Equipment Identity*, em tradução livre, Identificação Internacional de Equipamento Móvel] trata-se de um número de identificação único e global presente em todo celular ao redor do mundo. Com esse número em mãos, é possível fazer uma série de ações de segurança para o celular.

Está legal, mas como que eu faço para descobrir o IMEI do meu celular?

Boa pergunta.

Existem algumas maneiras de se fazer isso, as mais usuais são:

— Procurar na caixa do celular onde o mesmo veio acoplado no momento da compra;

— Procurar em um adesivo fixado atrás da bateria do celular;

— Digitar em seu telefone celular (como se fosse realizar uma chamada) os caracteres *#06# e apertar a tecla de ligar.

Essa última dica é a mais simples e rápida, caso tenha seu celular em mãos.

Aqui cabem duas dicas importantes:

1ª - Ao comprar um celular, verifique se os números que aparecem na caixa, o número presente no adesivo da bateria e o número do IMEI que aparece na tela ao discar para *#06# são os mesmos.

2ª - Celulares com mais de um cartão SIM possuem um IMEI para cada chip, sendo necessária a verificação em cada um deles.

Ao adquirir um celular novo, sempre busque por fornecedores confiáveis e exija a nota fiscal. Outro recurso muito útil é consultar a situação do IMEI do seu celular. Para isso, existem vários sites na internet. Recomendo dois deles:

## 1º - CONSULTA CELULAR LEGAL

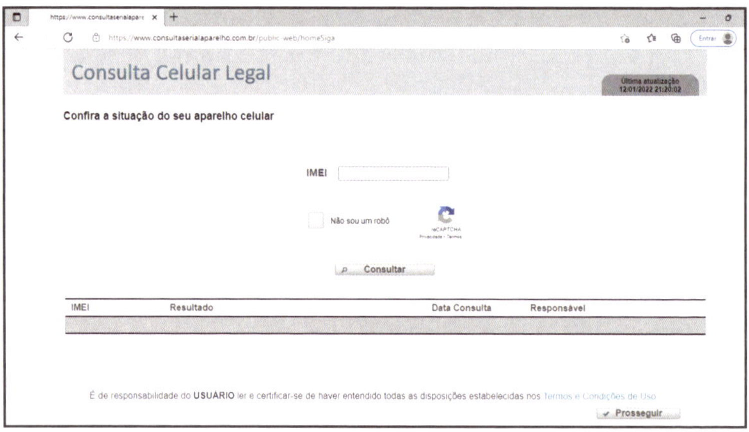


### FONTE:

https://www.gov.br/anatel/pt-br/assuntos/celular-legal/consulte-sua-situaca

Nesse site, indicado pela Anatel[18], você insere na página inicial o número IMEI de seu celular e os caracteres que aparecerão na tela (CAPTCHA). Feito isso, basta clicar em consultar e aguardar o resultado, que será mostrado nas linhas abaixo (conforme imagem anterior).

## 2º - IMEI CHECK

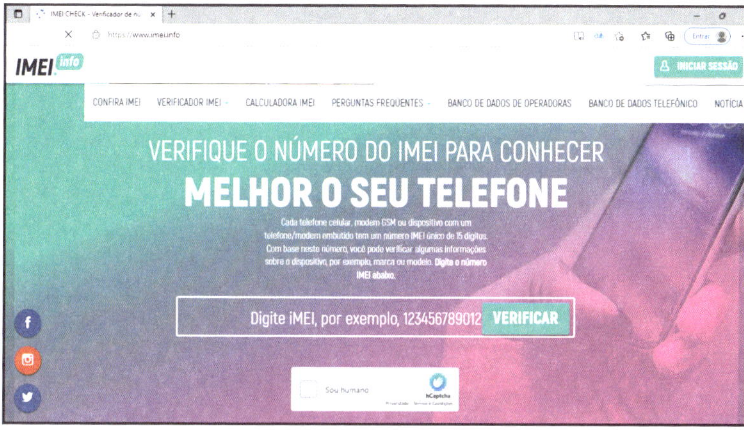


**FONTE:** https://www.imei.info/

Semelhante ao primeiro exemplo, mas com um maior detalhamento de seu dispositivo, nesse site você insere o número IMEI do seu aparelho e, em seguida, clica para marcar a opção *I'm not a robot*. Feito isso, basta clicar no botão "Verificar".

18 ANATEL – Agência Nacional de Telecomunicações. Site oficial: https://www.gov.br/anatel/pt-br

Realizado esse procedimento, uma série de informações serão trazidas sobre o seu aparelho, tais como: nome, marca, tipo, capacidade de memória, cor, imagem do dispositivo, além de diversas informações técnicas sobre o mesmo, podendo o usuário verificar se tal consulta corresponde ao seu celular em mãos.

# COMO RASTREAR E LOCALIZAR UM CELULAR?

Celulares com sistema Android e iOS possuem mecanismos que permitem rastrear e localizar onde estão os aparelhos. Para isso, é importante (e imprescindível) que em seu dispositivo essa opção esteja ativada.

Em celulares com Android, para permitir o rastreamento do dispositivo, é preciso fazer o seguinte caminho:

**CONFIGURAÇÕES > GOOGLE > SEGURANÇA > ENCONTRAR MEU DISPOSITIVO**

Isso fará com que o celular possa ser rastreado e localizado posteriormente.

Feito o procedimento acima, precisaremos acessar o site presente na imagem a seguir. No site, entraremos com o login e senha do Google que utilizamos em nosso celular Android.

A partir da localização do nosso dispositivo (o mesmo será mostrado na tela), teremos acesso a três opções principais (conforme imagem a seguir):

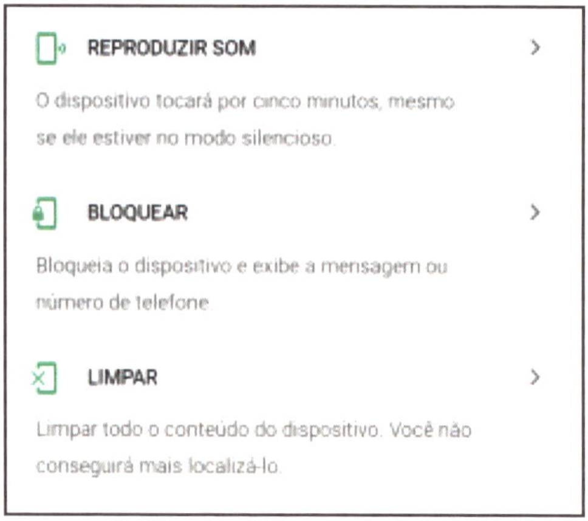


**FONTE:** https://google.com/android/devicemanager

**REPRODUZIR SOM:** como o próprio nome sugere, ao selecionar essa opção, o dispositivo emitirá sinais sonoros por cerca de cinco minutos, mesmo estando no modo silencioso.

**BLOQUEAR:** bloqueia o dispositivo em questão.

**LIMPAR:** apaga totalmente o conteúdo presente no aparelho de forma permanente.

Já em celulares com sistema iOS (iPhones), o caminho para habilitar a função de rastreamento e localização é:

## AJUSTES > [SEU NOME] > [SEU IPHONE] > BUSCAR IPHONE

Feito o procedimento acima, precisaremos acessar o site presente na imagem a seguir. Realizado o acesso, precisaremos entrar com o login e senha de acesso que utilizamos em nosso iPhone (ID Apple).

Localizado o nosso dispositivo (é preciso clicar sobre o dispositivo mostrado na tela), três opções aparecerão, conforme a imagem abaixo:

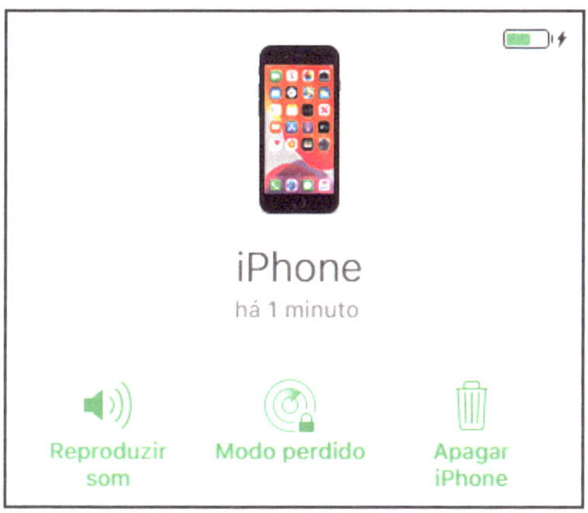


**FONTE:** https://icloud.com/#find

**REPRODUZIR SOM:** emitirá um efeito sonoro. Opção interessante caso o celular tenha sido perdido, porém, não muito recomendado em caso de roubo.

**MODO PERDIDO:** interessante a ativação dessa opção em caso de roubo. O modo perdido, quando ativado, bloqueia o acesso ao dispositivo, rastreia sua localização e mostra um histórico das últimas 24horas da movimentação do aparelho.

**APAGAR IPHONE:** selecionada essa opção, todos os dados presentes no iPhone serão apagados de forma permanente e o dispositivo não poderá mais ser rastreado (processo irreversível).

### IMPORTANTE

Nos dois casos acima, tanto dos celulares Android como iPhones, para que seja possível rastreá-los e localizá-los, além dos procedimentos que devem ser feitos no aparelho (habilitar tal função), o mesmo deve estar conectado a uma rede de dados 3G ou 4G, ou ainda, a uma conexão Wi-Fi, para que seja possível receber os comandos executados (reproduzir som, bloquear, apagar) à distância.

# MEU CELULAR FOI ROUBADO E AGORA?

Infelizmente, os casos de roubo de celulares no Brasil não são poucos. Essa prática é mais comum do que se imagina, como atestado pelo Panorama *Mobile Time/Opinion Box* – Roubo de Celulares no Brasil – 2020.[19]

— 64 milhões de vítimas, aproximadamente, no Brasil são de roubo/furto de celulares;

— 102,4 milhões de celulares foram roubados/furtados;

— 50% dos internautas brasileiros que responderam à pesquisa já foram vítimas de roubo/furto de celular;

— 89% das pessoas evitam utilizar o celular em locais públicos;

— 16% dessas possuem seguro contra roubo ou furto do aparelho.

Sabemos que hoje em dia há muitas informações no celular. Mais do que isso, temos informações pessoais, comerciais, aplicativos que usamos com frequência, conversas, senhas, enfim, nosso dia a dia está ali dentro. Nas situações em que a pessoa é vítima de roubo de celular, duas ações práticas são necessárias:

## 1ª – REGISTRAR UM BOLETIM DE OCORRÊNCIA

O Boletim de Ocorrência irá ajudar de duas formas: a primeira é a notificação de que a partir daquela data o celular

19 https://www.mobiletime.com.br/pesquisas/celulares-roubados-julho-de-2020/

não estava mais em suas mãos, mas sim de terceiros, o que pode lhe resguardar de problemas futuros que venham a ocorrer; a segunda é que registrando um Boletim de Ocorrência você notifica as autoridades sobre o furto de celulares naquela região/local, podendo esses dados serem utilizados para alguma ação efetiva de combate ao problema.

## 2ª – LIGAR PARA SUA OPERADORA DE CELULAR E PEDIR O BLOQUEIO DE CONTA E DO DISPOSITIVO

A segunda ação é ligar para a sua operadora de telefonia e pedir o bloqueio de sua linha e dispositivo. O bloqueio da linha irá impedir que o seu número seja utilizado. Este procedimento é relativamente rápido e, dentro de algumas horas, a linha estará desativada.

Ao desativar uma linha, ela é cadastrada pela sua operadora em um banco de dados denominado de Cadastro Nacional de Estações Móveis Impedidas (CEMI), onde a mesma fica impedida de ser utilizada.

O Bloqueio do Dispositivo também poderá ser realizado na operadora, porém, para isso você terá que ter em mãos o número IMEI de seu dispositivo e também o Boletim de Ocorrência que você registrou na Delegacia.

Realizadas essas ações, o seu celular ficará completamente bloqueado e impedido de ser utilizado por outras pessoas.

## OUTRAS DICAS IMPORTANTES EM CASO DE ROUBO DO CELULAR:

— Notifique o seu banco (principalmente se utilizar aplicativos de home banking);

— Mantenha sempre um bloqueio de tela configurado em seu dispositivo (bloqueio de tela inicial);

— Evite, a qualquer custo, manter armazenadas senhas em aplicativos como bloco de notas, aplicativos de mensagens e e-mails;

— Procure sempre que possível nunca repetir senhas de banco em outros lugares/sites/aplicativos que você utiliza.

# CATEGORIA: BÔNUS ÚTEIS

*"Aquilo que não tem utilidade para o enxame, não é útil para a abelha."*
Marco Aurélio

# COMO HIGIENIZAR O CELULAR CORRETAMENTE?

Sabe-se, através de diferentes estudos já publicados, que nossos celulares acumulam fungos, bactérias e vírus. E uma vez que nossos dispositivos estão constantemente em nossas mãos, faz-se necessário saber como higienizá-los corretamente.

Buscando fontes confiáveis que pudessem trazer informações relevantes sobre a forma correta de limpar os aparelhos, montei o passo a passo a seguir.

## O QUE FAZER?

1 — Antes de mais nada, desligue o celular e retire capa, cabos ou demais acessórios externos que estejam de alguma forma ligados ao mesmo.

2 — Utilize álcool isopropílico com concentração de 70%, ou álcool etílico de mesma concentração utilizado por empresas que prestam serviços especializados na área de tecnologia, uma vez que esses produtos possuem uma baixa composição de água, impedindo a oxidação dos componentes.

3 — Utilizar panos macios (como panos de microfibra que não soltam fiapos), umedecidos com o álcool indicado acima (cuidando para não molhar o pano com excesso de álcool).

4 — Limpar também a capinha protetora do celular.

## O QUE NÃO É RECOMENDADO FAZER?

1 — Borrifar álcool diretamente nos dispositivos, pois pode danificar partes sensíveis, bem como entradas de alto-falante, fone de ouvido, carregador, entre outros.

2 — Nunca limpe o seu celular se ele estiver ligado na tomada.

# CONFIGURAÇÕES DE CONTEÚDO PARA FILHOS NO CELULAR

Uma questão recorrente é o fato de filhos com idades iniciais ou menores de idade utilizarem celulares, *tablets*, entre outros dispositivos em seu dia a dia.

A pergunta aqui é: existe como filtrar conteúdo ou restringir acesso a determinados aplicativos, sites, entre outros, nos dispositivos dos filhos?

Sim, não só existe essa possibilidade, como são inúmeras as ferramentas disponíveis para realizar essa função.

A primeira sugestão é bloquear resultados de busca do Google através da ferramenta *Safe Search*. Mas o que ela faz? Basicamente, ela impede que os resultados de busca do Google retornem páginas inapropriadas à idade (como conteúdo pornográfico, por exemplo).

E como configurar essa opção? A forma mais fácil é abrir o navegador instalado no celular (Google Chrome, Safari, etc.) e realizar os seguintes passos:

1 — Acessar: http://www.google.com.

2 — Ir até o rodapé do site e clicar na opção "Configurações".

3 — Em seguida abrirá um menu, no qual você deverá clicar em "Configurações de Pesquisa".

4 — No topo da tela onde diz "Filtros do *Safe Search*", marcar a opção "Ocultar resultados com conteúdo explícito".

5 — Marcada a opção acima, role a página até chegar no rodapé da mesma e clique sobre o botão "Salvar".

Realizados os passos acima, a busca no Google por esse celular configurado terá o filtro ativado.

Porém, os passos configurados no celular fazem a filtragem de conteúdo em mecanismos de busca do Google. Como bloquear acesso a aplicativos, limitar tempo de uso, verificar localização, entre outros?

Nesses casos, faz-se necessário recorrer a aplicativos ou recursos nativos que podem auxiliar na configuração.

Em celulares Android, o recurso mais completo e útil para configurar essas restrições, considerando filhos menores de 13 anos, é o *Google Family Link*[20]. Trata-se de uma ferramenta desenvolvida pelo Google com esse propósito, com inúmeros recursos para a família, além de ser 100% gratuita (assim como grande parte dos produtos Google).

Os passos para instalação e configuração são um pouco longos e é necessário baixar o aplicativo *Google Family Link* para pais no celular do pai/mãe ou responsável que irá monitorar, assim como, instalar o aplicativo *Google Family Link* para crianças e adolescentes no celular do(s) filho(s) que será(ão) monitorado(s).

No site oficial da ferramenta é possível conhecer melhor seus recursos e como uma família pode se beneficiar deles. Se esse for seu objetivo, não deixe de acessar o QR Code seguinte.

20 Google Family Link: https://families.google.com/intl/pt-BR/familylink/

Se você precisa de uma solução nesse sentido, mas seus dispositivos são iPhones e/ou iPads, sem problemas. Existem recursos nativos do sistema operacional iOS que permitem um certo nível de bloqueio. Para configurá-los, no celular/tablet da criança a ser monitorada, basta acessar o seguinte caminho:

**AJUSTES >> TEMPO DE USO**

Através do caminho acima é possível definir: restrições de tempo de repouso, limites de tempo no uso de apps, limites de comunicação, apps que sempre podem ser acessados e bloqueio de conteúdo impróprio (conteúdo e privacidade) além de outras opções específicas.

Para conhecer em detalhes as opções da Apple sobre o uso em família, acesse o QR Code a seguir.

### IMPORTANTE

**Como comentei no início desta seção, existe ainda a possibilidade de instalar aplicativos diversos (em ambas as plataformas) que permitem o monitoramento de crianças menores de idade, com diferentes recursos e opções de configuração, como por exemplo os aplicativos: "Controle Parental" ou ainda "Safe Family" da McAfee, entre outros.**

**Os exemplos acima citados são a porta inicial para ingressar nessa tarefa. Não deixe de pesquisar mais sobre o assunto — as possibilidades são infinitas. Teste e avalie sempre aquilo que mais se adapta e supre as suas necessidades.**

# CRIE O HÁBITO DO *BACKUP* DO CELULAR: É CHATO, MAS NECESSÁRIO!

O *backup*, também conhecido como "cópia de segurança", permite-nos não perder as informações presentes em nosso celular (e como temos informações em nossos celulares atualmente, não é mesmo?)

A boa notícia?

As cópias de segurança podem ser realizadas facilmente através da configuração nativa de nossos celulares.

E como faço isso?

Em celulares Android, procure pelo caminho:

**CONFIGURAÇÕES >> SISTEMA >> *BACKUP***

Feito o caminho acima, ative o serviço de *backup*.

Caso tenha dúvidas sobre o tema, sugiro a leitura dos artigos presentes no QR Code a seguir, que explicam esse processo mais detalhadamente:

Para iPhones, o processo também é simples, basta acessar:

**AJUSTES >> [SEU NOME] >> ICLOUD >> BACKUP DO ICLOUD >> FAZER BACKUP AGORA**

Para dispositivos iOS (iPhone, IPad, IPod) é possível também fazer o *backup* via computador, através de *softwares* específicos. Para mais informações sobre esse procedimento você pode consultar o QR Code seguinte.

Duas dicas importantes sobre o processo de backup:

1º — Certifique-se de que o seu celular tem carga suficiente para o processo de backup, ou ligue-o a um carregador (certificando-se de que o mesmo não desligará no meio do procedimento).

2º — Verifique se o celular está conectado a uma rede Wi-Fi (como geralmente o *backup* envolve uma boa quantidade de troca de dados do seu celular para a nuvem, é recomendável a conexão via Wi-Fi na troca de dados).

Existem também inúmeros aplicativos que fazem *backup* de diversas funcionalidades separadas de nosso celular, como por exemplo, WhatsApp, fotos e vídeos, contatos, entre outros.

Gostaria de testar alguns desses aplicativos?

Acesse o repositório oficial do seu celular (Play Store ou Apple Store) e, na busca, digite “*backup*”.

Você encontrará diversas ferramentas, sugestões, avaliações e telas. Teste e veja as opções que melhor lhe agrada.

# RECURSOS ÚTEIS DE ACESSIBILIDADE

Os recursos de acessibilidade presentes nos celulares atuais ajudam os usuários que necessitam desses recursos, facilitando a utilização do aparelho em seu dia a dia.

Além de trazer independência e estimular a autonomia, essa tecnologia ajuda na inclusão, permitindo que mais pessoas usufruam dos dispositivos móveis.

E quais são os principais recursos de acessibilidade que há nos celulares hoje?

Poderia dizer que são diversos. Abaixo apresento alguns deles.

## IOS (IPHONES)

— Tamanhos maiores de fonte (sabemos que nem sempre as fontes ajudam na leitura);

— Possibilidade de o celular "Ler para Você" (bastando acionar essa opção);

— Reduzir movimento (visa diminuir os efeitos associados ao dispositivo);

— Utilização do LED do flash da câmera como alerta de notificação;

— Redirecionamento de chamadas para alto-falantes;

— Restrição de apps (Modo "Acesso Guiado"), entre outros.

Os recursos de acessibilidade do iPhone geralmente estão presentes através do seguinte caminho:

**AJUSTES >> GERAL >> ACESSIBILIDADE**

## ANDROID

— Transcrição Instantânea (permite capturar, através do microfone do dispositivo sua fala e transcrever em texto em poucos segundos);
— Aumentar e diminuir o volume;
— Corrigir cores (importante principalmente para diferentes tipos de daltonismos);
— Amplificação de som (função de amplificar o som ambiente);
— Ampliação de tela e alteração do tamanho de fonte;
— Suporte para diferentes aparelhos auditivos;
— Temas e fontes de alto contraste;
— Teclado digital em *braille* – *Tallback*.

Para acessar os recursos de acessibilidade em seu Android, basta acessar o caminho:

CONFIGURAÇÕES >> ACESSIBILIDADE

Ainda, tanto o Android quanto a Apple possuem em seus sites oficiais páginas dedicadas especificamente ao assunto, confira em:

**Android Acessibilidade:**
https://www.android.com/intl/pt-BR_br/accessibility/

**Apple Acessibilidade:**

https://www.apple.com/br/accessibility/

Lembrando que essas opções e diversas outras que encontramos através dos recursos de acessibilidade presentes em nossos dispositivos permitem compartilhar conhecimento e configurar tais opções a quem mais precisa. Fica a dica!

# OPÇÕES DE CELULAR PARA IDOSOS

É bem provável que você tenha uma pessoa de idade de seu convívio, ou próxima a você, para quem seria interessante um celular, a fim de se comunicar, receber conteúdos bacanas, interagir com familiares que estão longe, enfim, usufruir dos meios de que o mundo tecnológico dispõe.

Porém, você percebe que os celulares atuais são muito complexos, cheios de funções, e apresenta características (como letras pequenas) que não facilitam em nada a vida de um idoso ao usar o celular, correto?

Entretanto, pensando neste nicho, surgem no mercado cada vez mais opções de celulares para esse público, com características como:

— Telas mais legíveis;
— Botões de fácil manuseio;
— Recursos básicos mais usuais (Telefone, WhatsApp, Fotos);
— Sistema operacional simples e acessível;
— Sons mais altos e teclas funcionais;
— Lógica de utilização facilitada (tudo na tela);
— Opções de SOS em caso de emergência.

A ideia desse segmento de celulares é direta: criar um dispositivo que pessoas idosas consigam utilizar de maneira simples, fácil, intuitiva, e que tenha somente o necessário para sua utilização ao seu alcance, isto é, sem muitos passos para isso.

Um exemplo desses dispositivos é o ObaSmart (vide imagem a seguir). Caso seja do seu interesse conhecer mais sobre esses dispositivos com fins específicos, o link abaixo é um bom ponto de partida.

**FONTE:** https://www.obabox.com.br/obasmart-3-celular

Ainda, através de uma rápida busca na internet com o tema "Celular para idosos", você verá inúmeras opções de dispositivos, funções, características e valores. Vale a pena a consulta para, quem sabe, facilitar a vida de um familiar no meio digital, não é mesmo?

# BLOQUEAR CHAMADAS INDESEJADAS

Uma dúvida recorrente é como bloquear as chamadas indesejadas que acontecem aos montes diariamente e que acabam consumindo tempo, bateria e uma boa dose de nossa paciência — especialmente, pós-cenário de pandemia, que estreitou as comunicações on-line e a automatização dos serviços de telemarketing, e produziu um cenário perfeito de recebimento de chamadas.

Mas de fato, como posso bloquear chamadas indesejadas em meu celular?

Temos algumas opções interessantes, vamos a elas!

## A) BLOQUEAR NÚMEROS PELO PRÓPRIO DISPOSITIVO

Parece simples, meio rudimentar, mas sem dúvida é a maneira mais fácil se você não pode ou não quer instalar nada de aplicativos no momento.

Tanto dispositivos com sistema operacional Android quanto iOS (iPhones) permitem de maneira facilitada que um número seja bloqueado assim que você identifica que se trata de spam ou algo parecido. Para realizar esse procedimento, é simples.

Em celulares **Android**, basta realizar os passos a seguir:

— Acessar o "Registro de Ligações" (ícone do telefone, na tela principal);
— Tocar e segurar o número que deseja bloquear;
— Selecionar a opção "Bloquear Número";
— Clicar em "Confirme o Bloqueio".

Se tiver dificuldades nos passos acima, o tutorial presente no QR Code abaixo, pode lhe ser útil:

Já nos iPhones, os passos para bloqueio de números manualmente são:

— Clicar no ícone do celular na tela principal;
— Clicar no botão "Recentes";
— Clicar no botão à direita "i";
— Rolar a tela para cima e clicar na opção "Bloquear este Chamador".

**DICA:** caso você queira desbloquear um número que foi bloqueado por engano, o procedimento é o mesmo acima, porém, no último passo, você deve clicar em "Desbloquear este Chamador".

## B) BLOQUEIO DE CHAMADAS UTILIZANDO APLICATIVOS ESPECÍFICOS

Outra alternativa que pode ser utilizada são os aplicativos de bloqueio de chamadas. Esses contam com funções bem pontuais, como por exemplo:

— Identificação de chamada (spam, telemarketing, bancos, etc.);

— Banco de dados de números identificados como indesejáveis;

— Opção de consulta de números de chamadas desconhecidas.

Como sugestão de aplicativos desse segmento, sugerimos o WhosCall[21] e o TrueCaller[22] .

## C) SITE "NÃO ME PERTURBE"

Aí está um serviço interessante, gratuito e que pode te ajudar na tarefa de manter as ligações chatas bem longe. Trata-se do "Não Me Perturbe".

A ideia da ferramenta é permitir a qualquer cidadão cadastrar seu número de telefone em uma base centralizada única, que evita a oferta de produtos e serviços por meio de contato telefônico provenientes de:

— Prestadoras de Serviços de Telecomunicações (Telefonia Móvel, Fixo, TV por assinatura e Internet).

— Instituições Financeiras (Empréstimo Consignado, Cartão de Crédito, etc.).

O site oficial da ferramenta é: https://www.naomeperturbe.com.br/ (se preferir, acesse pelo QR Code abaixo).

21 WhosCall: https://global.whoscall.com/pt-BR/
22 TrueCaller: https://www.truecaller.com/

**IMPORTANTE:**

A partir da realização completa do cadastro do site "Não Me Perturbe", as empresas têm um prazo de 30 dias para efetivar o bloqueio.

# INFORMAÇÕES SOBRE TELEFONES DE EMERGÊNCIA

Os telefones de emergência, como o próprio nome sugere, servem para que, de forma facilitada, qualquer pessoa possa pedir ajuda nos momentos de que mais precisa.

O que muitas pessoas não sabem é como funcionam esses serviços. Por isso, listamos abaixo algumas questões importantes que talvez você não saiba, ou que possa ser útil compartilhar com algum familiar, amigo, enfim:

— Números de emergência são sempre compostos por três números (para que sejam também mais fáceis de serem lembrados);

— Ligações para números de emergência são sempre gratuitas, mesmo que você não tenha crédito no seu celular ou situação similar;

— As ligações para os números de emergência serão completadas mesmo que no local que você se encontra não tenha sinal da antena da sua operadora, mas de outras;

— Os números de emergência serão os mesmos em todo o território nacional, ou seja, o número da Polícia Militar (190) é o mesmo no RS ou no RN.

## PRINCIPAIS TELEFONES DE EMERGÊNCIA GRATUITOS

| 180 | Delegacia de Defesa da Mulher | 192 | SAMU |
|---|---|---|---|
| 181 | Disque Denúncia | 193 | Corpo de Bombeiros |
| 190 | Polícia Militar | 194 | Polícia Federal |
| 191 | Polícia Rodoviária Federal | 199 | Defesa Civil |

## PRINCIPAIS SERVIÇOS DE UTILIDADE PÚBLICA (PODEM TER O CUSTO DE UMA CHAMADA LOCAL)

| 125 | Conselho Tutelar |
|---|---|
| 141 | Centro de Valorização da Vida |
| 150 | Vigilância Sanitária |
| 151 | Procon |
| 154 | Detran |

# FORMATAR O CELULAR CORRETAMENTE (VENDER, DOAR OU DESCARTAR)

Deseja vender, doar, ou até mesmo, enviar para descarte seu celular?

Então, este tópico é para você!

São poucas ou raras as vezes em que precisamos formatar complemente nosso dispositivo. Hoje, com uma infinidade de aplicativos para limpeza, correção, economia de memória, entre outros, resolvemos quase tudo sem precisar voltar à "estaca zero" de nosso dispositivo.

Porém, algumas situações exigem sim uma certa preocupação com os dados ali presentes, uma vez que os nossos dispositivos são praticamente minicomputadores e carregam praticamente todas as nossas informações mais utilizadas ali dentro.

Pensando por esse viés, ninguém gostaria de passar um celular adiante com os dados pessoais presentes lá dentro, correto?

Para esses casos, tanto celulares com Android, quanto celulares com sistema operacional iOS, possuem recursos que permitem formatar, ou seja, restaurar as configurações de fábrica de maneira facilitada, sem precisar instalar nenhum aplicativo externo.

Vamos aos passos (os mesmos podem sofrer variações dependendo do modelo atual de seu dispositivo e versão do sistema operacional):

## ANDROID

CONFIGURAÇÕES >> FAZER BACKUP E REDEFINIR >> RESTAURAR PADRÃO DE FÁBRICA

## IOS

AJUSTES >> GERAL >> REDEFINIR >> APAGAR CONTEÚDO E AJUSTES (NA SEQUÊNCIA, INSIRA A SUA SENHA E APERTE A OPÇÃO "APAGAR IPHONE")

**IMPORTANTE**

O processo acima, depois de realizado, é irreversível, portanto, apagará todo o conteúdo presente no seu celular. Então, somente realize o mesmo quanto tiver certeza do que está fazendo.

Se estiver adquirindo um novo aparelho, faça *backup* (cópia de segurança) de tudo que precisa do dispositivo antigo, configure todo o dispositivo novo, restaure seus backups, teste, deixe o novo aparelho plenamente funcional, para somente depois (última ação) formatar o dispositivo antigo (fica a sugestão de quem já teve que recorrer a *backups* antigos).

# CELULAR E MEIO AMBIENTE — DESCARTE CONSCIENTE

Por melhor que seja nosso aparelho na hora da compra, chega o dia em que, por mais que façamos tudo que está ao nosso alcance em termos de técnicas, recursos e meios para prolongar sua vida, não resolve, pois ele chegou ao seu limite.

É então a hora de pensarmos em uma destinação para o nosso velho amigo. E quais são as opções que temos? Eu diria várias, veja a seguir.

## 1 — TROCAR POR DESCONTO NA COMPRA DE UM NOVO

Existem diversas lojas na internet que fazem isso, até para servir como um atrativo a mais frente a tantas opções no mercado. Vale a pena fazer uma busca sobre o assunto, se você pretende adquirir um novo aparelho.

## 2 — TORNÁ-LO CELULAR RESERVA

Pode ser que, por algum motivo, você precise utilizar um celular reserva em algum momento. Por mais que o seu usado não seja mais um top de linha, ele pode ser útil em momentos que você precisar de um aparelho.

## 3 — DOAÇÃO

Aquilo que não estou utilizando, pode ser útil para muita gente. Já pensou em doar seu dispositivo a alguma instituição para esse fim? A doação pode permitir a uma pessoa que nunca teve contato com um celular, ter acesso — além de ser uma excelente ação.

## 4 — ARMAZENAMENTO OFF-LINE

Seu celular antigo não necessariamente precisa se aposentar, ele pode ser bastante útil também como backup ou armazenamento de dados de forma off-line. Sabemos que existem atualmente inúmeras opções de soluções na nuvem para esse fim, mas não deixa de ser uma solução off-line, de baixo custo e que não depende necessariamente da internet para funcionar.

## 5 — DESCARTE CONSCIENTE

Esse tema tem sido o foco central e uma preocupação constante atualmente, dada a quantidade de lixo eletrônico gerado anualmente. Tanto celulares como baterias possuem elementos químicos como chumbo, cádmio e mercúrio que são prejudiciais à saúde humana e ao meio ambiente, então a melhor opção é fazer o descarte correto dos aparelhos, em locais coletores.

Lojas, revendas e empresas autorizadas geralmente possuem pontos de coleta de lixo eletrônico. É bem provável que perto de onde você reside existam iniciativas de coleta de lixo eletrônico. Em algumas cidades, isso ocorre em supermercados, colégios, universidades, restaurantes, entre outros.

Quer saber mais sobre o assunto? O link abaixo traz uma boa leitura sobre isso:

https://www.samsung.com/br/support/planet-first/

# DICA DE SITE: CONSULTA NÚMERO

Muitas vezes precisamos saber qual a operadora de determinado número de telefone. Com a questão da portabilidade de números, não podemos dizer se determinado número se refere a determinada operadora. Mas então, como podemos consultar um número de telefone e identificar de forma facilitada a operadora correspondente?

Simples, basta acessar ao site “Consulta da Operadora de Acessos Fixos e Móveis”, conforme imagem a seguir.

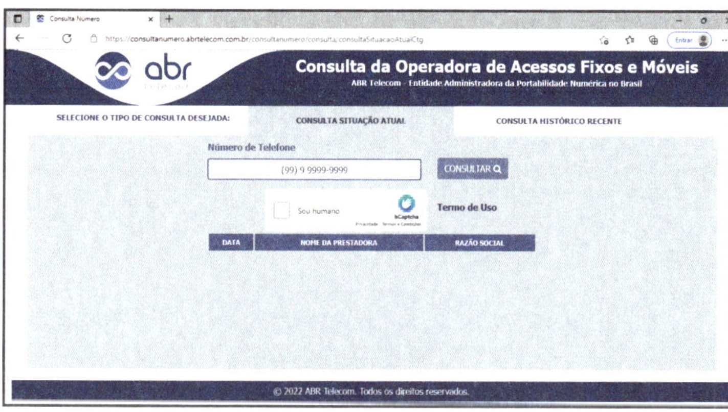


### FONTE:

https://consultanumero.abrtelecom.com.br/consultanumero/consulta/consultaSituacaoAtualCtg

Uma tela semelhante à imagem acima será mostrada. Informe o número de telefone com DDD no campo correspondente, bem como, digite os caracteres de segurança que aparecerão na imagem. Feito isso, basta clicar na opção "Consultar". A operadora correspondente ao número pesquisado, será mostrada no centro da tela.

O serviço "Consulta da Operadora de Acessos Fixos e Móveis" é gratuito, on-line e pode ser utilizado a qualquer momento que precisar.

# DICA DE SITE PARA VERIFICAR A INTENSIDADE DE SINAL NA SUA CIDADE: MOSAICO

Outra dúvida recorrente aos usuários de telefonia é como saber a intensidade ou disponibilidade de sinal de determinada operadora, considerando uma cidade ou região. Tais informações são fundamentais na hora de escolher uma operadora (não deixando de considerar preços, franquia de dados, internet, entre outros).

Para isso, temos o serviço da Anatel denominado: Mosaico. Através dele, basta selecionarmos um estado e município (se preferir, basta clicar no mapa para ter a informação do sinal da operadora), para ter uma consulta sobre a intensidade de sinal de celular de diferentes operadoras naquela região.

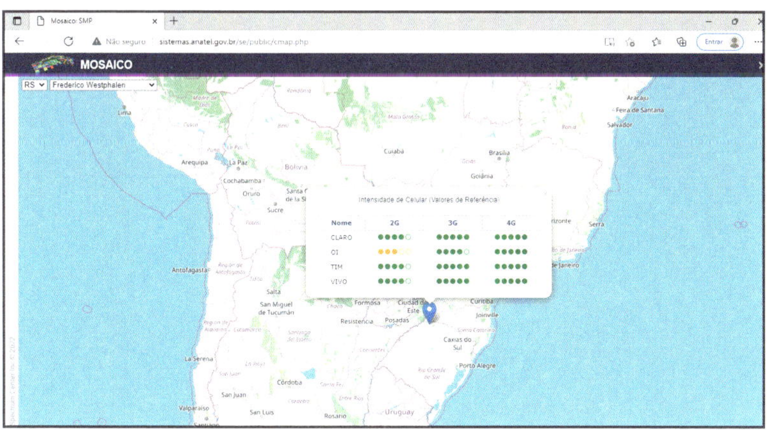

**SITE:** http://sistemas.anatel.gov.br/se/public/cmap.php

Assim como a dica de site anterior, este serviço é gratuito, on-line e atualizado com frequência pela Anatel.

# DICA DE SITE: ANATEL EXPLICA

O site da Agência Nacional de Telecomunicações (ANATEL) possui um serviço chamado "ANATEL Explica". Trata-se de um canal informativo ao consumidor com publicações de inúmeros tutoriais ilustrados, que, de forma simples e direta, trazem informações bastante relevantes principalmente sobre os direitos e deveres dos serviços de telecomunicações.

Para acessar esse conteúdo, basta entrar na URL a seguir (site na imagem):

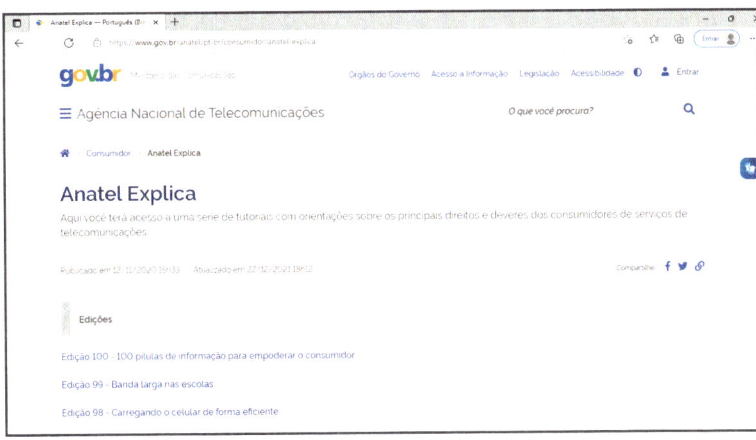

**FONTE:** https://www.gov.br/anatel/pt-br/consumidor/anatel-explica

São mais de 100 tutoriais publicados até a conclusão desse livro, de livre acesso. Aproveite!

# FERRAMENTAS PARA COMPARAÇÃO TÉCNICA DE CELULARES

Como vimos nos capítulos anteriores, quando pensamos em adquirir um novo celular, muitas especificações técnicas sobre câmera, bateria, conectividade, rede, sensores, entre outras tantas são apresentadas a nós.

É tanta nomenclatura e tecnologia envolvida que até o mais hábil entusiasta pode ficar um tanto quanto perdido. Soma-se a esses fatores técnicos, a quantidade de marcas e modelos de celulares disponíveis atualmente, o que torna quase impossível realizar uma escolha sem uma ferramenta que possa pelo menos nos dar um norte.

A boa notícia é que existem ferramentas (sites on-line e gratuitos) que podem nos auxiliar nessa tarefa, realizando a comparação de características, desempenho e preço de celulares, para que qualquer pessoa possa ter melhores subsídios na hora de adquirir um novo aparelho ou fazer aquela consulta para um parente próximo (quem nunca?).

Vamos então à indicação de três sites de comparação de celulares que podem ser úteis para você nessa tarefa.

## 1 – TECMUNDO COMPARADOR

**FONTE:** https://comparador.tecmundo.com.br/

De fácil utilização, o comparador do site *Tecmundo* possui bons recursos para ajudar diferentes níveis de usuários a escolher seu celular.

Ao realizar a comparação de dois ou mais celulares, uma tabela completa é apresentada na tela, pela qual é possível obter um comparativo das principais características presentes nos dispositivos, como por exemplo, processador, número de núcleos, memória RAM, armazenamento interno, entre outros.

É possível ainda fazer uma busca no site pelos celulares mais bem avaliados, mais procurados, aplicar filtros por preço que se deseja pagar por um novo dispositivo, entre outros recursos presentes no site.

Vale a pena dar uma boa navegada por esse site, explorar seus recursos e fazer suas avaliações.

## 2 – TUDO CELULAR

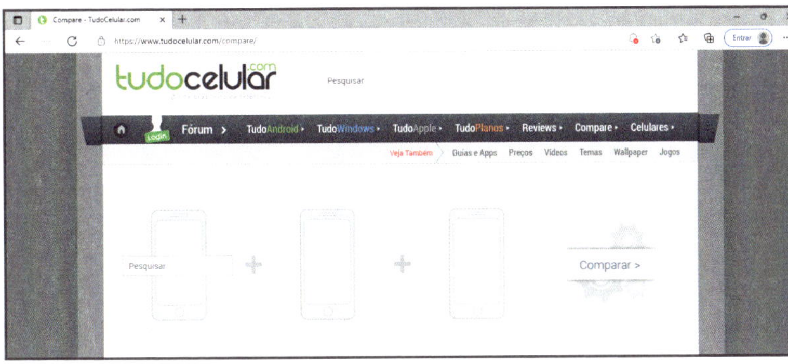


**FONTE:** https://www.tudocelular.com/compare/

Uma boa referência para realizar a comparação de dispositivos também é o site *TudoCelular*. Nele, igualmente, é possível comparar dois ou mais celulares e, ao realizar esse procedimento, uma série de itens presentes nos dispositivos selecionados são comparados, como forma de explicitar ao usuário as melhores funções de cada aparelho.

Entre os itens detalhados estão desde o sistema operacional presente em cada aparelho, até dimensões, peso, resistência à água, custo-benefício da tela e câmera, desempenho, entre outros tantos itens.

Através da ferramenta, é possível ainda visualizar telefones das categorias "Lançamentos" e "Mais Comparados", que auxiliam na decisão, além de diversas informações a respeito do tema, que podem ser exploradas no site.

## 3 – VERSUS

**FONTE:** https://versus.com/br

O "Versus" é uma ferramenta completa de comparação, não somente de telefones celulares, mas também de fones de ouvido, smartwatches, câmeras, alto-falantes portáteis, entre outros.

O portal também é de fácil utilização e intuitivo para o usuário: basta digitar o nome do celular a ser comparado e buscar na base do sistema. Pode-se ainda adicionar mais de dois produtos para comparação simultânea.

O resultado retornado pela ferramenta é bastante completo em informações, segmentando as mesmas por categorias como: design, tela, performance, câmeras, áudio, bateria, recursos, além de dados complementares.

É possível visualizar ainda informações interessantes em diferentes dashboards, comparação de preços em lojas distintas, além de um histórico contendo as comparações mais populares realizadas pelos usuários da ferramenta.

**DICA:** as ferramentas acima mostradas são ótimas opções para sanar dúvidas e/ou decidir entre a melhor escolha, dada uma infinidade de celulares à venda no mercado atualmente. Ainda, mesmo que você não tenha a menor ideia de qual celular escolher, o conteúdo presente nesses sites indicados, como, por exemplo, "comparativos mais realizados", "celulares com notas mais altas", "dicas de compras", "filtros por características", entre outros, ajudarão você a realizar uma boa escolha, baseado em critérios técnicos e ferramentas de TI projetadas especificamente para esse fim, além claro, dos conhecimentos adquiridos neste livro.

Espero que o conteúdo deste livro seja útil na sua vida e para seu dia a dia tecnológico.

Abraço e até a próxima!

# REFERÊNCIAS

ALCANTARA, Tiago. Mitos e verdades: tudo o que nunca te contaram sobre seu smartphone. **Notícias** R7. Publicado em: 15 de nov. 2017. Disponível em: https://noticias.r7.com/tecnologia-e-ciencia/mitos-e-verdades-tudo-o-que-nunca-te-contaram-sobre-seu-smartphone-16112017. Acesso em: 01 out. 2020.

ALECRIM, Emerson. Como bloquear chamadas de números indesejados no Android. **Tecnoblog**. Publicado em: s/d. Disponível em: https://tecnoblog.net/197489/como-bloquear-um-numero/. Acesso em: 13 maio 2021.

ALENCAR, Felipe. Senha para celular: aprenda a adicionar um PIN ou desenho no Android. **TechTudo**. Publicado em: 6 maio 2017. Disponível em: https://www.techtudo.com.br/dicas-e-tutoriais/2017/05/senhas-para-celular-aprenda-a-adicionar-um-pin-ou-desenho-no-android.ghtml. Acesso em: 18 ago. 2020.

ANATEL - Agência Nacional de Telecomunicações. *Anatel*. Disponível em: https://www.gov.br/anatel/pt-br/consumidor/anatel-explica. Acesso em: 24 mar. 2021.

ANATEL. Identificação Internacional de Equipamento Móvel - IMEI. **ANATEL**. Publicado em: 18 dez. 2017. Disponível em: https://www.anatel.gov.br/celularlegal/imei. Acesso em 07 fev. 2020.

ANDRIGHETTO, Fabio. Micro, mini ou nano? Descubra qual é o chip de seu celular. 15 de 11 de 2016. https://www.uol.com.br/tilt/noticias/redacao/2016/11/15/micro-mini-ou-nano-descubra-qual-e-o-chip-de-seu-celular.htm (acesso em 03 de 04 de 2021).

ANDRION, Roseli. Você sabe o que é o QR Code? A gente explica. Olhar Digital. Publicado em: 14 set. 2019. Disponível em: https://olhardigital.com.br/fique_seguro/noticia/voce-sabe-o-que-e-o-qr-code-a-gente-explica/90319. Acesso em: 25 ago. 2020.

ANDROID. *Acessibilidade*. Disponível em: https://www.android.com/intl/pt-BR_br/accessibility/. Acesso em: 03 fev. 2021.

APPLE. *Acessibilidade* . Disponível em: https://www.apple.com/br/accessibility/. Acesso em: 07 mar. 2021.

______. *Atualizar o iPhone, iPad ou iPod touch*. Disponível em: https://support.apple.com/pt-br/HT204204. Acesso em: 09 ago. 2020.

______. *Bateria e desempenho do iPhone*. Disponível em: https://support.apple.com/pt-br/HT208387#:~:text=-Dependendo%20do%20tempo%20entre%20a,ao%20funcionar%20sob%20condi%C3%A7%C3%B5es%20normais. Acesso em: 13 jul. 2020.

______. *Buscar meu iPhone no iCloud*. Disponível em: https://www.icloud.com/find/. Acesso em 23 jul. 2020.

______. *Como fazer backup do iPhone, iPad e iPod touch*. Disponível em: https://support.apple.com/pt-br/HT203977. Acesso em: 07 maio 2020.

______. *Usar os controles parentais no iPhone, iPad e iPod touch de seu filho*. Disponível em: https://support.apple.com/pt-br/HT201304. Acesso em: 01 mar. 2021.

______. *Como encontrar as senhas salvas no iPhone*. Disponível em: https://support.apple.com/pt-br/HT211146. Acesso em: 01 out. 2020.

AUGUSTO, Thaís. Por que os celulares explodem, e como evitar que isso aconteça. **Veja**. Publicado em: 06 jul. 2018. Disponível em: https://veja.abril.com.br/tecnologia/por-que-os-celulares-explodem-e-como-evitar-que-isso-aconteca/. Acesso em: 14 maio 2020.

AVTEST. *The best antivirus software for Android*. Disponível em: https://www.av-test.org/en/antivirus/mobile-devices/. Acesso em: 27 ago. 2020.

BEGGIORA, Helito. Li-Ion ou Li-Po? Conheça as diferenças dos tipos de bateria de celular. **TechTudo**. Publicado em: 05 ago. 2016. Disponível em: https://www.techtudo.com.br/noticias/noticia/2016/08/li-ion-ou-li-po-conheca-diferencas-dos-tipos-de-bateria-de-celular.html. Acesso em: 25 mar. 2021.

BERGHER, Ricardo. **Como formatar o celular? ZOOM**. Publicado em: 14 set. 2020. Disponível em: https://www.zoom.com.br/celular/deumzoom/como-formatar-o-celular. Acesso em: 10 fev. 2021.

______. Qual a diferença entre smartphone e celular? **ZOOM**. Publicado em: 02 ago. 2019. https://www.zoom.com.br/celular/deumzoom/qual-a-diferenca-entre-smartphone-e-celular. Acesso em: 21 abr. 2021.

BRAGA, Lucas. Entenda a diferença entre 3G, LTE, 4G, 4G+, 4,5G e 5G. **Tecnoblog**, s/d. Disponível em: https://tecnoblog.net/236506/diferenca-internet-celular-lte-4g-4gmais-5g/. Acesso em: 04 abr. 2021.

______. eSIM: como funciona a nova geração do chip de celular. **Tecnoblog**, s/d. Disponível em: https://tecnoblog.net/266412/esim-como-funciona-chip-celular/ (acesso em 19 de 01 de 2021).

BRASIL, BBC News. Conheça 6 mitos sobre as melhores maneiras de carregar o celular. **Portal G1**. Publicado em: 20 jun. 2015. Disponível em: http://g1.globo.com/tecnologia/noticia/2015/06/conheca-6-mitos-sobre-melhores-maneiras-de-carregar-o-celular.html#:~:text=-Falso.,antes%20de%20recarreg%C3%A1%2Dla.%22. Acesso em: 12 mar. 2020.

_______. Por que celular com câmera de mais megapixels não significa fotos melhores. **BBC News**. Publicado em: 13 out. 2019. Disponível em: https://www.bbc.com/portuguese/geral-49965713. Acesso em: 01 out. 2020.

CAMACHO, Adriano. Como saber se a internet é 3G, 4G ou 5G? **Tecmundo**. Publicado em: 09 mar. 2021. Disponível em: https://www.tecmundo.com.br/internet/212365-saber-internet-3g-4g-5g.htm. Acesso em: 14 mar. 2021.

CARNEIRO, Igor Almenara. OLED x LCD x AMOLED: qual é a melhor tecnologia de tela para celular? **Tecmundo**. Publicado em: 11 out. 2019. Disponível em: https://www.tecmundo.com.br/produto/146702-oled-x-lcd-x-amoled-melhor-tecnologia-tela-celular.ht. Acesso em: 31 mar. 2021.

CARNIEL, Guadalupe. 5G, 4G, LTE, GSM, EDGE e HPSA: entenda as siglas de cada conexão. **Canaltech**. Publicado em: 06 abr. 2021. Disponível em: https://canaltech.com.br/telecom/gsm-edge-hpsa-lte-entenda-as-siglas-de-conexao-mobile/. Acesso em: 02 abr. 2021.

CARVALHO, Lucas. Primeira recarga de smartphone: tudo o que você precisa saber. **Olhar Digital.** Publicado em: 26 jul. 2018. Disponível em: https://olhardigital.com.br/noticia/primeira-recarga-de-smartphone-tudo-o-que-voce-precisa-saber/77634#:~:text=Segundo%20F%C3%A1tima%2C%20a%20medida%20servia,12%20horas%20na%20primeira%20recarga. Acesso em: 17 abr. 2020.

COSSETTI, Melissa Cruz. Como bloquear sites no celular (Google, Android e iOS). **Tecnoblog**. s/d. Disponível em: https://tecnoblog.net/250351/como-bloquear-sites-no-celular/. Acesso em: 01 mar. 2021.

________. Como colocar senha no celular [PIN, desenho e digital]. **Tecnoblog**. s.d. Disponível em: https://tecnoblog.net/258368/como-colocar-senha-no-celular-pin-desenho-e-digital/. Acesso em: 29 jun. 2020.

________. O que é memória RAM [e quanto maior, melhor o celular]? **Tecnoblog**. s/d. Disponível em: https://tecnoblog.net/278859/o-que-e-memoria-ram/. Acesso em: 17 fev. 2021.

________. Um celular com processador octa-core é melhor que um quad-core? **Tecnoblog**. Publicado em: 04 mar. 2019. Disponível em: https://tecnoblog.net/280179/processador-octa-core-e-melhor-que-um-quad-core/ Acesso em: 07 mar. 2021.

COSTA, Matheus Bigogno. Como bloquear ligações irritantes no seu celular Android. **Canaltech**. Publicado em: 29 jun. 2020. Disponível em: https://canaltech.com.br/android/como-bloquear-ligacoes-irritantes/. Acesso em: 12 maio 2021.

_______. Wi-Fi Direct: saiba o que é e como funciona. **Canaltech**. Publicado em: 12 fev. 2020. https://canaltech.com.br/internet/o-que-wi-fi-direct-saiba-o-que-e-e-como-funciona/. Acesso em: 21 abr. 2021.

CRUZ, Bruna Souza. Cada detalhe registrado em vídeo: aprenda a gravar a tela do seu celular. **UOL Notícias.** Publicado em: 23 set. 2019. Disponível em: https://www.uol.com.br/tilt/noticias/redacao/2019/09/23/aprenda-a-gravar-a-tela-do-seu-celular.htm. Acesso em: 19 abr. 2020.

D'ALMEIDA, Nicole. Calor faz mal? E carregar até 100%? Entenda mitos sobre bateria do celular. **UOL Notícias.** Publicado em: 09 nov. 2019. Disponível em: https://www.uol.com.br/tilt/noticias/redacao/2019/11/09/mitos-e-verdades-sobre-as-baterias-dos-smartphones.ht. Acesso em: 12 fev. 2021.

APRENDA A DESATIVAR O CORRETOR AUTOMÁTICO NO CELULAR E NÃO PASSE MAIS VERGONHA. **Olhar Digital.** Publicado em: 14 nov. 2018. Disponível em: https://olhardigital.com.br/dicas_e_tutoriais/noticia/aprenda-a-desativar-o-corretor-automatico-no-celular-e-nao-passe-mais-vergonha/66695. Acesso em: 02 out. 2020.

FELIX, Vitor Hugo. 7 aparelhos de celular para idoso [c/ WhatsApp]. **Tecnoblog.** Publicado em: 10 maio 2020. Disponível em: https://tecnoblog.net/337375/7-aparelhos-de-celular-para-idoso-c-whatsapp/. Acesso em: 22 fev. 2021.

FERNANDES, Tainah. Vírus no Android: 6 coisas que você precisa saber agora. **PSAFE**. Publicado em: 18 jan. 2018. Disponível em: https://www.psafe.com/blog/virus-no-android/. Acesso em: 28 maio 2020.

FONSECA, Carol. Mais de 500 mil celulares são roubados por ano nas capitais. **TERRA**. Publicado em: 15 maio 2019. Disponível em: https://www.terra.com.br/noticias/tecnologia/seguranca-digital/mais-de-500mil-celulares-sao-roubados-por-ano-nas-principais-capitais-do-pais,fbfea19fe884e88d006e2cb2e92786e458ad0xhc.html. Acesso em: 01 mar. 2020.

FREIRE, Raquel. Dez dicas para liberar espaço no celular Android. Techtudo. Publicado em: 25 dez. 2018. Disponível em: https://www.techtudo.com.br/listas/2018/12/dez-dicas-para-liberar-espaco-no-celular-android.ghtml. Acesso em: 19 ago. 2020.

_______. Dicas para evitar o superaquecimento do celular. **Techtudo.** Publicado em: 18 ago. 2018. Disponível em: https://www.techtudo.com.br/listas/2018/08/dicas-para-evitar-o-superaquecimento-do-celular.ghtml. Acesso em: 28 abr. 2020.

QUAL É A MELHOR MANEIRA DE HIGIENIZAR O CELULAR E EVITAR A PROPAGAÇÃO DO CORONAVÍRUS? **Portal G1**. Publicado em: 13 mar. 2020. Disponível em: https://g1.globo.com/bemestar/coronavirus/noticia/2020/03/13/qual-e-a-melhor-maneira-de-higienizar-o-celular-e-evitar-a-propagacao-do-coronavirus.ghtml. Acesso em: 24 mar. 2021.

USAR O CELULAR ENQUANTO CARREGA É PERIGOSO? CONFIRA CUIDADOS PARA EVITAR ACIDENTES. **Gaúcha ZH.** Publicado em: 06 mar. 2018. Disponível em: https://gauchazh.clicrbs.com.br/tecnologia/noticia/2018/03/usar-o-celular-enquanto-carrega-e-perigoso-confira-cuidados-para-evitar-acidentes-cjeft1wwn00mv01r48e09b3c5.html. Acesso em: 29 maio 2020.

GOGONI, Ronaldo. IP67 e IP68: a diferença entre os graus de certificação IP. **Tecnoblog**. s/d. Disponível em: https://tecnoblog.net/295274/ip67-e-ip68-a-diferenca-entre-os-graus-de-certificacao-ip/. Acesso em: 17 maio 2021.

GOOGLE. Configurar o controle dos pais no Google Play. s.d. Disponível em: https://support.google.com/googleplay/answer/1075738?hl=pt-BR. Acesso em: 02 mar. 2021.

_______. Encontre meu dispositivo. s.d. Disponível em: https://www.google.com/android/find. Acesso em: 12 ago. 2020.

______. Fazer backup ou restaurar dados no dispositivo Android. Disponível em: https://support.google.com/android/answer/2819582?hl=pt-BR&dark=0. Acesso em: 14 jul. 2020.

______. Google Family Link. s.d. Disponível em: https://families.google.com/intl/pt-BR_ALL/familylink/#. Acesso em: 01 mar. 2021.

______. Verificar e atualizar a versão do Android. Disponível em: https://support.google.com/android/answer/7680439?hl=pt-BR. Acesso em: 31 maio 2020.

HIGA, Paulo. Celular roubado? Como bloquear o IMEI do aparelho na operadora. **Tecnoblog.** Publicado em: 13 fev. 2016. Disponível em: https://tecnoblog.net/189729/celular-roubado-como-bloquear-imei-operadora/. Acesso em: 30 ago. 2020.

HUAWEI. Comparar Telefones - **Huawei Global** . 2021. Disponível em: https://consumer.huawei.com/en/phones/compare/. Acesso em: 03 abr. 2021.

IMEI.INFO. Verificador de Números IMEI online grátis. **IMEI.** Publicado em: 09 ago. 2017. Disponível em: https://www.imei.info/. Acesso em: 23 jul. 2020.

KINAST, Priscilla. O que é bluetooth, como funciona e quais as suas versões? **Oficina da Net.** Publicado em: 31 ago. 2020. Disponível em: https://www.oficinadanet.com.br/tecnologia/32633-o-que-e-bluetooth-como-funciona-e-quais-as-suas-versoes. Acesso em: 13 abr. 2021.

______. O que é USB e quais os tipos? Oficina da Net. Publicado em: 08 fev. 2019. Disponível em: https://www.oficinadanet.com.br/hardware/24810-quais-os-tipos-de-cabos-usb-e-qual-deles-usar. Acesso em: 17 abr. 2021.

LARA, Rodrigo. Alguém pediu seu celular emprestado? Aprenda a usar o modo convidado. **UOL Notícias.** Publicado em: 01 maio 2019. Disponível em: https://www.uol.com.br/tilt/noticias/redacao/2019/05/01/alguem-pediu-seu-celular-emprestadoaprenda-a-usar-o-modo-convidado.htm. Acesso em: 13 jan. 2021.

______. Carregador sem fio pode estragar a bateria do celular? Entenda como funciona. **UOL Notícias.** Publicado em: 11 jun. 2020. Disponível em: https://www.uol.com.br/tilt/noticias/redacao/2020/06/11/carregador-sem-fio-pode-estragar-bateria-do-celular-entenda-como-funciona.htm. Acesso em: 02 abr. 2021.

______. Quick Charge: é seguro usar carregador turbo para ter bateria rapidamente? **UOL Notícias.** Publicado em: 02 out. 2018. Disponível em: https://www.uol.com.br/tilt/noticias/redacao/2018/10/02/tem-medo-de-usar-carregador-turbo-saiba-como-funcionam-e-se-oferecem-risco.htm. Acesso em: 01 jun. 2020.

LIMA, Lucas. Como carregar o celular mais rápido? **Tecnoblog**. Publicado em: 15 jan. 2020. Disponível em: https://tecnoblog.net/302496/como-carregar-o-celular-mais-rapido/. Acesso em: 20 fev. 2021.

MACEDO, Joyce. Mitos da tecnologia: "Mais megapixels significa maior qualidade de imagem". **Canaltech**. Publicado em: 12 set. 2014. Disponível em: https://canaltech.com.br/entretenimento/Mitos-da-tecnologia-Mais-megapixels-significa-maior-qualidade-de-imagem/. Acesso em: 01 out. 2020.

MAGALHÃES, André Lourenti. 10 recursos de acessibilidade do Android para você usar. **Canaltech**. Publicado em: 06 nov. 2020. Disponível em: https://canaltech.com.br/android/recursos-acessibilidade-android/. Acesso em: 18 fev. 2021.

MARQUES, Ana. Como carregar o celular corretamente [e mais rápido]. **Tecnoblog**. s.d. Disponível em: https://tecnoblog.net/404164/como-carregar-o-celular-corretamente-e-mais-rapido/. Acesso em: 19 fev. 2021.

MEDIATEK. Dimensity. 2021. Disponível em: https://i.mediatek.com/mediatek-5g. Acesso em: 23 jan. 2021.

MÜLLER, Léo. Deixar o celular carregando durante a noite toda não danifica a bateria. **Tecmundo**. Publicado em: 02 ago. 2017. Disponível em: https://www.tecmundo.com.br/produto/120301-deixar-celular-carregando-durante-noite-nao-danifica-bateria.htm#:~:text=Deixar%20o%20celular%20carregando%20durante%20a%20noite%20toda%20n%C3%A3o%20danifica%20a%20bateria,-02%2F08%2F2017&text=Eu%20deixo%20meu%20. Acesso em: 06 jun. 2020.

NÃO ME PERTURBE. Não Me Perturbe. 2020. Disponível em: https://www.naomeperturbe.com.br/. Acesso em: 30 maio 2021.

NEVES, Andressa. LCD, IPS, OLED, AMOLED: Quais são os tipos de telas utilizadas nos smartphones? **Canaltech**. Publicado em: 19 abr. 2018. Disponível em: https://canaltech.com.br/smartphone/lcd-ips-oled-amoled-quais-sao-os-tipos-de-telas-utilizados-nos-smartphones-112082/. Acesso em: 31 mar. 2021.

OLIVEIRA, Sérgio. 8 recursos de acessibilidade do iOS que são bastante úteis. **Canaltech**. Publicado em: 29 jun. 2016. Disponível em: https://canaltech.com.br/ios/8-recursos-de-acessibilidade-do-ios-que-sao-bastante-uteis/. Acesso em: 16 jan. 2021.

ORACLE. O que é IoT? 2020. Disponível em: https://www.oracle.com/br/internet-of-things/what-is-iot/. Acesso em: 18 maio 2021.

PEREIRA, Dimitri. Como economizar bateria no Android 6.0: o guia completo! **Canaltech**. Publicado em: 22 fev. 2019. Disponível em: https://canaltech.com.br/android/guia-completo-de-dicas-para-economizar-bateria-no-android/. Acesso em: 19 abr. 2020.

PISA, Pedro. O que é IP. Techtudo. Publicado em: 07 maio 2012. Disponível em: https://www.techtudo.com.br/artigos/noticia/2012/05/o-que-e-ip.html. Acesso em: 01 jun. 2021.

PRADO, Jean. 12 dicas para economizar bateria no iPhone e iPad. Tecnoblog. Publicado em: 26 fev. 2019. Disponível em: https://tecnoblog.net/215849/economia-bateria-energia-ios/. Acesso em: 29 jun. 2020.

______. Celular roubado? Como rastrear e localizar seu aparelho. **Tecnoblog**. Publicado em: 12 mar. 2018. Disponível em: https://tecnoblog.net/230297/rastrear-localizar-android-iphone-roubado/. Acesso em: 30 maio 2020.

______. Como colocar senha no iPhone (iOS) — código, Touch ID ou Face ID. Tecnoblog. s/d. https://tecnoblog.net/261112/colocar-senha-no-iphone/. Acesso em: 28 maio 2020.

______. Como usar o Buscar iPhone (Find My iPhone). Tecnoblog. s/d. Disponível em: https://tecnoblog.net/215906/buscar-iphone-ipad-perdido-roubado/. Acesso em: 12 maio 2021.

PROTESTE. 10 dicas para descobrir se um celular está com vírus. **Proteste**. Publicado em: 02 out. 2018. Disponível em: https://www.proteste.org.br/eletronicos/celular/noticia/10-dicas-para-descobrir-se-um-celular-esta-com-virus. Acesso em: 09 jul. 2020.

_______. Aprenda a configurar smartphones para o uso de idosos. **Proteste.** Publicado em: 31 jan. 2018. Disponível em: https://www.proteste.org.br/eletronicos/celular/noticia/aprenda-a-configurar-smartphones-para-uso-de-idosos. Acesso em: 01 mar. 2021.

QUALCOMM Qualcomm Processors. 2021. Disponível em: https://www.qualcomm.com/products/processors. Acesso em: 28 mar. 2021.

RIBEIRO, Rene. Como checar os ciclos de carga de bateria de um celular Samsung. **Olhar Digital.** Publicado em: 22 jan. 2019. Disponível em: https://olhardigital.com.br/dicas_e_tutoriais/noticia/como-checar-os-ciclos-de-carga-de-bateria-de-um-celular-samsung/81500#:~:text=O%20ciclo%20de%20vida%20de,a%20500%20ciclos%20de%20carga. Acesso em: 30 maio 2020.

ROHR, Altieres. Saiba como aumentar a segurança do celular e dos aplicativos de mensagens. **Portal G1**. Publicado em: 12 jun. 2019. Disponível em: https://g1.globo.com/economia/tecnologia/noticia/2019/06/12/saiba-aumentar-a-seguranca-do-celular-e-dos-aplicativos-de-mensagens.ghtml. Acesso em: 18 ago. 2020.

SALUTES, Bruno. Qual a diferença entre USB 1.1, 2.0, 3.0 e 4.0? **Canaltech**. s/d. Disponível em: https://canaltech.com.br/hardware/quais-sao-as-diferencas-entre-o-usb-11-20-e-30-639/. Acesso em: 18 mar. 2021.

SAMSUNG. Exynos Mobile Processor for AI and 5G. 2021. Disponível em: https://www.samsung.com/semiconductor/minisite/exynos/. Acesso em: 17 fev. 2021.

______. O que fazer se o aparelho for roubado ou furtado? Disponível em: https://www.samsung.com/br/support/mobile-devices/what-to-do-if-the-device-is-stolen-or-robbed/. Acesso em: 14 mar. 2020.

______. Programa de Reciclagem. Disponível em: https://www.samsung.com/br/support/planet-first/. Acesso em: 06 mar. 2021.

SANTINO, Renato. O eSIM chegou ao Brasil; entenda a tecnologia que deve matar o chip de celular. **Olhar Digital.** Publicado em: 03 abr. 2019. Disponível em: https://olhardigital.com.br/2019/04/03/noticias/o-esim-chegou-ao-brasil-entenda-a-tecnologia-que-deve-matar-o-chip-de-celular/. Acesso em: 28 mar. 2021.

SOUSA, Diego. Saiba quais são os melhores processadores de celular em 2020. **Canaltech**. Publicado em: 24 out. 2020. Disponível em: https://canaltech.com.br/smartphone/os-melhores-processadores-de-celular-169933/. Acesso em: 21 mar. 2021.

SOUZA, Marcelle. Resolva de uma vez! Quatro aplicativos para bloquear chamadas indesejadas. **UOL Notícias.** 12 jan. 2019. Disponível em: https://www.uol.com.br/tilt/listas/resolva-de-uma-vez-quatro-aplicativos-para-bloquear-chamadas-indesejadas.htm. Acesso em: 19 abr. 2021.

APLICATIVO PARA RECUPERAR FOTOS APAGADAS DO CELULAR: VEJA MELHORES APPS. **Techtudo**. Publicado em: 22 jul. 2019. Disponível em: https://www.techtudo.com.br/listas/2019/07/aplicativo-para-recuperar-fotos-apagadas-do-celular-veja-melhores-apps.ghtml. Acesso em: 15 maio. 2020.

________. Bateria de celular vicia? Teste seus conhecimentos no Quiz. **Techtudo.** 09 jul. 2020. Disponível em: https://www.techtudo.com.br/quiz/bateria-de-celular-vicia-teste-seus-conhecimentos-no-quiz.ghtml. Acesso em: 01 mar. 2020.

_________. Como recuperar fotos apagadas permanentemente do iPhone. **Tecnoblog**. Publicado em: 19 maio 2019. https://tecnoblog.net/235776/recuperar-foto-excluida-iphone-ipad/. Acesso em: 04 out. 2020.

_________. Aprenda a transformar seu smartphone em um roteador Wi-Fi. Gaúcha ZH. Publicado em: 18 maio 2017. Disponível em: https://gauchazh.clicrbs.com.br/tecnologia/noticia/2017/05/aprenda-a-transformar-seu-smartphone-em-um-roteador-wi-fi-9794227.html. Acesso em: 28 set. 2020.

Associação Brasileira de Recursos em Telecomunicações. Consulta **Celular Legal.** Disponível em: https://www.consultaserialaparelho.com.br/public-web/homeSiga. Acesso em: 02 ago. 2020).

POR QUE MANTER SEU TELEFONE ATUALIZADO? **Terra.** Disponível em: https://www.terra.com.br/noticias/tecnologia/seguranca-digital/por-que-manter-seu-telefone-atualizado,66db1788913bcedbda29ed86644e-3c21k5sipyp3.html. Acesso em: 13 maio 2020.

CONHECE TODOS OS DETALHES DA CÂMERA DO SEU CELULAR? PODE FAZER DIFERENÇA. **UOL Notícias.** Disponível em: https://www.uol.com.br/tilt/noticias/redacao/2017/11/08/conheca-os-recursos-da-camera-para-escolher-melhor-seu-smartphone.htm. Acesso em: 12 abr. 2021.

WI-FI, BLUETOOTH, NFC, USB E GPS: TUDOCELULAR EXPLICA A CONECTIVIDADE DOS SMARTPHONES. **Tudo Celular**. Publicado em: 31 maio 2018. Disponível em: https://www.tudocelular.com/tech/noticias/n125455/tudocelular-explica-conectividade-wifi-bluetooth.html. Acesso em; 12 abr. 2021.

IP67, IP68: ENTENDA A ESCALA DE RESISTÊNCIA À ÁGUA QUE SALVA SEU CELULAR. **UOL Notícias.** Publicado em: 27 fev. 2018. Disponível em: https://www.uol.com.br/tilt/noticias/redacao/2018/02/27/entenda-a-escala-de-resistencia-a-agua-dos-celulares.htm. Acesso em: 31 jan. 2021.

VALERI, Vitor. Qual a diferença entre redes Wifi A B G N AC AX? **Oficina da Net.** Publicado em: 08 set. 2020. Disponível em; https://www.oficinadanet.com.br/post/8619-qual-a-diferenca-entre-redes-wifi-a-b-g-n. Acesso em: 21 abr. 2021.

VERSUS - **Compare Tudo.** 2021. Disponível em: https://versus.com/br. Acesso em: 05 abr. 2021.

_________. Versus - Glossário de Termos Técnicos. 2021. Disponível em: https://versus.com/br/glossary. Acesso em: 21 abr. 2021.

VICENZO, Giacomo. O que fazer com o aparelho celular antigo? Existe descarte sustentável? **UOL Notícias.** Publicado em: 06 mar. 2021. Disponível em: https://www.uol.com.br/ecoa/ultimas-noticias/2021/03/06/o-que-fazer-com-o-aparelho-celular-antigo-existe-descarte-sustentavel.htm. Acesso em: 21mar. 2021.

BLUETOOTH: ENTENDA OS TIPOS E PARA QUE SERVE ESSA TECNOLOGIA. **ZOOM.** Disponível em: https://www.zoom.com.br/celular/deumzoom/o-que-e-bluetooth-tipos-para-que-serve. Acesso em: 10 abr. 2021.

CELULAR PARA IDOSO: 5 MODELOS PARA COMPRAR EM 2020. **ZOOM.** Publicado em: 01 abr. 2020. Disponível em: https://www.zoom.com.br/celular/deumzoom/celular-para-idoso-2020. Acesso em: 30 jan. 2021.

O QUE É MEMÓRIA RAM DO CELULAR. **ZOOM.** Publicado em: 03 fev. 2021. Disponível em: https://www.zoom.com.br/celular/deumzoom/o-que-e-memoria-ram-celular Acesso em: 17 mar. 2021.

QUAL O MELHOR PROCESSADOR PARA CELULAR? **ZOOM.** Disponível em: 27 jan. 2021. Disponível em: https://www.zoom.com.br/celular/deumzoom/qual-o-melhor-processador-para-celular. Acesso em: 04 abr. 2021.

# SOBRE O AUTOR

## ROBERTO FRANCISCATTO

Professor Adjunto no Departamento de Tecnologia da Informação (DTecInf) da Universidade Federal de Santa Maria (UFSM) - Campus de Frederico Westphalen - RS.

Doutor em Informática na Educação pelo Programa de Pós-Graduação em Informática na Educação da Universidade Federal do Rio Grande do Sul (PGIE/UFRGS - RS). Mestre em Computação Aplicada pela Universidade do Vale do Rio dos Sinos (PIPCA/UNISINOS - RS). Graduado em Informática pela Universidade Regional Integrada (URI/FW - RS).

Possui larga experiência em Sistemas Operacionais Multiplataforma, Redes de Computadores, Organização e Arquitetura de Computadores, Segurança da Informação e Aplicações para Web.

**SITE OFICIAL:** https://franciscatto.com.br

editoravitrola
VITROLA EDITORA E DISTRIBUIDORA LTDA
Rua das Camélias, 321 - Aparecida
CEP: 98.400-000 - Frederico Westphalen - RS
Telefone: (55) 3744-6878
editora@vitrola.com.br
www.vitrola.com.br